SERÓN DE NÁGIMA

MEMORIAS DE UN PUEBLO SORIANO

TOMO XIII

SERÓN DE NÁGIMA

MEMORIAS DE UN PUEBLO SORIANO

TOMO XIII

JOSÉ ANTONIO ALONSO HERNÁNDEZ

© 2024 SERÓN DE NÁGIMA, MEMORIAS DE UN PUEBLO SORIANO. TOMO XIII
© José Antonio Alonso Hernández

© Editado por LIBER FACTORY www.liberfactory.com
Gestión, promoción y distribución: Grupo Editor Vision Net S.L.
C./ San Ildefonso 17, local, 28012 Madrid. España.
Tlf: 0034 91 3117696 // Email: pedidos@visionnet.es
www.visionnet-libros.com

ISBN: 978-84-10040-79-3
Depósito legal: M-16074-2024

Foto de portada: La Fuente Vieja a principios del siglo XX.

Disponible en las principales librerías.

ÍNDICE

A mi nieto Santiago;
nacido el mismo año que este libro,
con el deseo de que cuando sea mayor,
su lectura le muestre algunas de las costumbres
y circunstancias de la vida
de sus antepasados en Serón.

POEMA DEDICADO A "LA FUENTE VIEJA"
(FOTO DE PORTADA)

Modula su queja
de cristal doliente,
la fuente...
Una fuente vieja
de piedra musgosa,
que entre la espesura
surge temblorosa,
ebria de frescura...

Habla el agua, gime,
rié vacilante...
—Voz del agua, dime
tu canción errante.—

La fuente se queja,
llora, se estremece
de dolor...Parece
que hablando se aleja.

Nombres olvidados
de viejos amores;
lejanos rumores
de besos callados...

Todo eso que llora
fugaz o incoherente,
lo repite ahora
la voz de la fuente...

Lo escucho en la queja
de cristal, doliente,
que gime la fuente...

Una fuente vieja
de piedra musgosa,
que entre la espesura
surge temblorosa,
ebria de frescura...

Francisco Villaespesa (1877-1936)

CARACTERÍSTICAS PERSONALES Y HUMANAS DE LOS ANTEPASADOS NAGIMENSES

CONSIDERACIONES GENERALES: En el presente capítulo se va a hacer referencia a las características humanas de nuestros paisanos antepasados, y más concretamente, a las personas que habitaron el pueblo en tiempos pretéritos. En líneas generales el carácter del nagimense se puede decir que coincidía con el del castellano viejo o el resto de los pobladores de la tierra soriana. Nunca es bueno generalizar, por lo que aquí descrito se refiere a características que poseían una mayoría de personas pero hay que tener en cuenta que, también, existían, en mayor o menor medida, las excepciones.

Para comprender mejor el carácter de los habitantes de esta tierra se van a citar, a continuación, algunas reflexiones que literatos y pensadores hicieron sobre este tema.

INFLUENCIA DE LA HISTORIA EN EL CARÁCTER NAGIMENSE: La tierra de Soria ha impreso en sus hombres y mujeres su huella singular. Con relación a la influencia histórica en el carácter de los habitantes de Serón y su comarca, Juan Vicente Martínez Alonso en el prólogo del Tomo VI de esta serie de libros, *"SERÓN DE NÁGIMA. Memorias de un pueblo soriano"*, escribe:

"Nunca fue fácil la vida en estas tierras de La Raya, pero nunca tan difícil como en la época medieval. Las guerras de frontera entre los reinos de Castilla y Aragón que, de forma intermitente pero prolongada, se mantuvieron a lo largo de los siglos XII al XIV sometieron a esta comarca a unas condiciones de vida especialmente adversas. El punto álgido de esta situación lo encontramos en la guerra de los Trastámara a mediados del siglo XIV cuando la villa fue robada y mandada

quemar; se quemó gran parte de ella y se despobló. A este periodo histórico puede asociarse la forja de algunos de los rasgos más característicos del temperamento de sus gentes, como son su reciedumbre física y moral, su sobriedad y su capacidad de estoica resistencia frente a la adversidad".

Posteriormente, entre mediados del siglo XV y finales del XVI, la villa alcanzó un importante progreso económico y social, sin embargo:

"Fue en esta época cuando los señores de la Villa y Tierra, la familia Rojas, después marqueses de Poza, pretendieron avasallar a los vecinos con nuevas cargas e imposiciones y, sobre todo, con el menoscabo de sus competencias de autogobierno democrático. La villa combatió tenazmente contra esta dominación por la vía judicial, única vía posible, y mantuvo unos largos, tenaces y costosísimos pleitos anti señoriales que se prolongaron durante casi un siglo en la Real Chancillería de Valladolid. Es aquí cuando se manifestaron de manera más clara otros de los rasgos más sobresalientes del carácter de esta población: su sentido de la dignidad personal, donde "nadie es más que nadie", el orgullo colectivo y el del alto aprecio que otorgaban a su independencia frente al poder".

Otro ejemplo histórico de lucha de paisanos sorianos por evitar su sometimiento y sumisión a personas de la nobleza lo encontramos en la historia del pueblo de Ólvega. Con motivo de la celebración del 550 aniversario de unos hechos históricos con final trágico, el periódico digital "SO-RIANoticias.com" de fecha 11 de marzo de 2024, narraba el suceso en los siguientes términos:

"Corría el año 1474, y durante el 14 de marzo, Agartón de la Cerda, conde de Medinaceli, con sus huestes, -5.000 hombres según las crónicas- cercó la localidad de Ólvega, por lo que los moradores de la población se encerraron en su castillo. No querían pasar a manos del noble, sino permanecer bajo la tutela de la Corona.

Después de haber combatido durante cinco días, Carlos de Luna, Mariscal de Castilla y señor de Ciria y de Borobia, además de capitán general del conde, procedió a quemar el fortín, un incendio que da imagen al escudo olvegueño y que se saldó con la muerte de 430 personas.

En la ermita de "Los Mártires" recibieron sepultura aquellas víctimas de un ataque que cada año son recordadas"

ALGUNAS RESEÑAS HISTÓRICAS Y LITERA-RIAS DEL CARÁCTER SORIANO: Ya en el año 1486 el Cronista Oficial de los Reyes Católicos, Hernando del Pulgar en su libro dedicado a Isabel la Católica *"Claros varones de Castilla"* escribía, en castellano antiguo, acerca de las virtudes innatas que adornaban a algunas gentes de esta tierra. A continuación, se recogen varias de las frases recogidas en el libro:

"Tenía la agudeza tan rica que, a pocas razones, conocía las condiciones y los fines de los hombres".

"No quiero negar que como seres humanos no tuvieran vicios, pero puédese bien creer que, si la flaqueza de su humanidad no lo podía resistir, la fuerza de su prudencia lo sabía disimular".

"Era hombre airado en los lugares que convenía serlo".

"Si tuvo fortuna para alcanzar bienes, tuvo asimismo prudencia para conservarlos"

Entre los años 1603-1607 el caballero francés Bartolomé Joly, consejero del rey de Francia, hizo un viaje por España acompañando al abad cisterciense Baucherat, visitador de los monasterios de la orden Franciscana. Tras finalizar su viaje en Valladolid y regresar a su país, escribió un libro titulado: *"Viajes de extranjeros por España y Portugal"*. Con relación a los sorianos observó en ellos que:

"Discurrían muy bien y se expresaban con desenvolvimiento y libertad natural"

En el año 1860 el teniente coronel de Ingenieros D. Francisco Coello editó un mapa de Soria. En los márgenes del mapa figuran una serie de notas estadísticas e históricas escritas por D. Pascual Madoz. En una de las notas hace referencia al carácter y costumbres de los sorianos de aquella época en los siguientes términos:

"Los habitantes de Soria son sencillos como en la mayor parte del reino de Castilla: dóciles y humildes sin bajeza no dejan de abrigar cierta dosis de suspicacia que les hace muy mirados y circunspectos en sus tratos y contratos a los que jamás fallan; respetan las leyes y a las autoridades de que éstas proceden; son aficionados al trabajo sin que lo busquen con avidez; parcos en sus comidas, sencillos en el vestir y enemigos de conmociones y alborotos. Aunque los resultados que hemos deducido de la escala de criminalidad parecen desfavorables para ellos, debe tenerse en cuenta que nos referimos a una época en que se hallaba reciente la conclusión de la guerra civil (guerras carlistas) y algunos de los delitos pueden considerarse como rastro de ella; por lo demás en esta provincia no hay que deplorar los horrorosos crímenes que se cometen en otras partes".

El maestro de primera enseñanza D. Anastasio González Gómez en su libro *"Geografía particular de la Provincia de Soria"*, editado en 1897 por la Imprenta y Librería de V. Tejero recogió algunas particularidades del carácter de los antepasados sorianos:

"Son los sorianos de costumbres moderadas, parcos en el comer, sobrios en la bebida, sencillos en el vestir, y tan enemigos de alborotos, tumultos y desórdenes, como aficionados a solazarse, en los días festivos, con diversiones lícitas y honestas.

Los sorianos se distinguen por su carácter pacífico, dócil y humilde, por su circunspección y buenos modales, por lo mirados que son para empeñar su palabra, y una vez prestada para cumplir lo que prometen, por el respeto que tienen a las leyes y a los gobernantes, y por su amor al trabajo y a la enseñanza. Su mirada franca y serena demuestra claramente lo mucho que aprecian su independencia; no consienten que su humildad y sencillez sean tomadas por alguno en son de bajeza ni de servilismo; ni pueden avenirse a ser doblegados por el caciquismo o deprimidos por la sinrazón; en una palabra, son dignos herederos de sus predecesores los numantinos"

La pobreza de recursos naturales y la dura climatología, exigía grandes esfuerzos para sacar los frutos de la tierra necesarios para sobrevivir. La incertidumbre futura acerca de la obtención de productos del agro les hacía ser ahorradores y previsores en lo económico. Esta incertidumbre provenía principalmente porque la probabilidad de obtener buena cosecha, dependía de que la meteorología fuera propicia, En este sentido el literato vallisoletano Miguel Delibes escribía:

"Lo peor de la economía agraria castellana no es que sea pobre sino que es insegura. La dependencia del cielo es aquí total. Pero tal vez antes que lluvias, nieves o sol ,lo que se echa en falta en Castilla es un orden meteorológico que asegure un tempero adecuado para las siembras otoñales, hielo en diciembre para que la planta afirme, aguarradillas en abril para que el sembrado esponje y sol fuerte en julio para que la caña espigue. La volubilidad atmosférica es, sin embargo, la tónica dominante. Las lluvias, prematuras o tardías (el exceso de agua impidió sembrar en la otoñada del 59 y trillar, hasta que el grano se nació en las eras, en el verano del 61). Las heladas intempestivas o los nublados de julio dan al traste, año tras año, con buena parte de las cosechas. Castillas sigue dependiendo del clima hasta tal punto que en lenguaje metafórico se puede decir que:

"Si el cielo de Castilla es tan alto, es porque lo levantaron los campesinos de tanto mirarlo".

La incertidumbre y la dureza de los esfuerzos para obtener los recursos, eran las razones por la que las gentes de esta tierra sabían administrarlos mejor, racionalizar los gastos y prescindir de lo superfluo. Estas circunstancias, unidas a otras de naturaleza histórica como las comentadas en el punto anterior, fueron forjando el carácter soriano.

Don Miguel esgrimía las razones por las que el campesino atesoraba las virtudes de ser austero, laborioso y tenaz en el siguiente escrito:

"El amor a la tierra proviene seguramente del hecho de que el campesino castellano ha dejado literalmente su vida en los surcos… Hay que tener en cuenta que el viejo campesino desde la siembra en octubre, con el primer tempero otoñal, hasta la recolección en agosto, bajo la violenta canícula estival, visitaba su predio a diario, lo araba, lo aricaba, lo limpiaba de malas hierbas, rogaba al Santo para que una helada tardía o un nubazo intempestivo, no malrotara el trabajo de todo un año. En una palabra, vivía en, de y para su tierra, en una entrega total, sin limitación de esfuerzos ni de tiempo. Y esto ha sido así durante siglos hasta que las máquinas han dulcificado las labores y han quebrado aquella comunión".

Al hombre del campo se le ha acusado muchas veces de ser desconfiado y falto de hospitalidad. En defensa de lo contrario Delibes argumentaba lo siguiente:

"Su reserva ante los extraños y su laconismo se acentuaron, extendiéndose, entonces, la especie de que el castellano era inhospitalario y desabrido, cuando lo que, en realidad, hay en el campesino castellano – leonés es un trasfondo de desconfianza ante el forastero que, si alguna vez llamó a su puerta nunca fue para darle nada. Pero esta reticencia inicial, que es, en definitiva, una actitud de autodefensa, nada tiene que ver con el desabrimiento. Nuestro campesino es muy perspicaz, le es suficiente una mirada para separar, mentalmente, el grano de la paja. De entrada, ya no espera nada de nadie y sabe que aque-

llo que obtenga lo deberá a su propio esfuerzo (la prestación personal ha sido hasta el día el único procedimiento de conseguir pequeñas mejoras en el campo). De ahí su tibieza política. De ahí su socarrona difidencia ante las grandes palabras. Pero todo ello no le ha impedido conservar su decoro, su tradicional hidalguía, su nobleza, su dignidad, virtudes que le inducirán a compartir un vaso de vino con el primer forastero que llegue tan pronto barrunte que no viene a él de mala fe. Estas notas aspiran a perfilar el carácter castellano, recelo y desconfianza que no excluyen el señorío y la hospitalidad".

En cuanto al carácter ahorrador y buen administrador, hay que señalar que estas virtudes se inculcaban a los jóvenes desde la escuela. Los propios maestros, haciendo uso de fábulas, iban forjando el concepto de la economía bien entendida. Sirva como ejemplo la fábula en verso, titulada *"La buena economía",* del poeta segoviano José Rodao (1865–1927) que los chicos aprendían de memoria:

> *Un ricachón mentecato,*
> *ahorrador empedernido,*
> *por comprar jamón barato*
> *lo llevó medio podrido.*

> *Le produjo indigestión*
> *y, entre botica y galeno,*
> *gastó doble que en jamón...*
> *por no comprar jamón bueno.*

> *Y hoy afirma que fue un loco;*
> *puesto que economizar*
> *no es gastar mucho ni poco,*
> *sino, saberlo gastar.*

EL CARÁCTER SORIANO EN LA LITERATURA:
Quizá la característica más significativa que adornó a la generalidad de los antepasados sorianos era el ser unos incansables trabajadores. Escritores de nuestros tiempos como el ya mencionado Miguel Delibes, Avelino Hernández o Abel Hernández han plasmado en sus obras multitud de elogios a

la laboriosidad y honradez de los hombres del campo castellano y a las circunstancias que forjaron su carácter. Concretamente Abel Hernández en uno de los capítulos de su obra *"El canto del cuco"* aplicándolo a la gente de su tierra soriana de Tierras Altas manifiesta lo siguiente, que es extensible a todos los sorianos:

"La gente acostumbraba a deslomarse trabajando con el exclusivo y honrado objeto de sobrevivir. De vez en cuando se atrevían a murmurar: "¡Esta vida, esta vida…!". Se secaban luego el sudor con la manga de la camisa, apretaban los dientes y volvían al tajo. En esto había poca distinción de género entre los hombres y las mujeres. También los niños y los viejos, mientras el cuerpo aguantara, arrimábamos el hombro lo que podíamos. Recuerdo bien que aquellos campesinos sólo consideraban trabajo el que se hacía con las manos y con el sudor de la frente. Era la consecuencia de la maldición bíblica. Paradójicamente despreciaban y envidiaban a la vez al trabajador de cuello blanco y manos limpias y delicadas, lo mismo que tenían envidia del rico, pero admiraban al sabio.

Lo que no estaba bien visto era andar mano sobre mano. Al que holgaba demasiado le llamaban holgazán, y adquirir fama de holgazán era la peor recomendación a la hora de encontrar novia, tanto como cargar con el sambenito de amigo de lo ajeno o ser tenido por un chisgarabís sin palabra o un mindundi, senso y titiribaina sin oficio ni beneficio, un gandul, tumbón, vago, haragán y sin provecho".

También personalidades extranjeras como el duque de Wellington, escribió que:

"Un campesino de Castilla descubriéndose en el saludo, era la síntesis de la nobleza y la dignidad natural"

En relación con los castellanos, escritor inglés Chesterton decía:

¡Cuánto saben estos analfabetos!

Según recoge Blas Taracena y José Tudela en la *"Guía artística de Soria y su provincia"* (Soria 1997. 19), el gran conocedor de pueblos Grad-Montagne dijo que:

"La gente soriana es una de las más avispadas, cualidad que, ayudada de otras, ha hecho triunfar a los sorianos emigrantes en España y América"

Antonio Machado en la versión en prosa de *"La Tierra de Alvargonzález"* valoraba los conocimientos de las gentes labriegas en estos términos:

"Siempre que trato con hombres del campo, pienso en lo mucho que ellos saben y nosotros ignoramos..."

Refiriéndose a un pastor con el que entabló una interesante conversación llegó a manifestar:

"Debajo de su boina hay un filósofo"

Asimismo, escribía que:

"Contra el espíritu redundante y barroco que solo aspira a exhibición y efecto, buen antídoto es Soria, maestra de castellanía, que siempre nos incita a ser lo que somos y nada más"

También este insigne poeta, en otros versos hacía referencia al buen conformar y resignación del hombre del campo ante cualquier circunstancia:

"Donde hay vino, beben vino;
y donde no hay vino, agua fresca"

INFLUENCIA DE LA RELIGIÓN: Las creencias religiosas también influyeron en el carácter o forma de aceptar con resignación los avatares favorables o desfavorables de la vida. Los designios futuros se decían que era voluntad divina por lo que, en ocasiones, no se realizaba el suficiente esfuerzo humano para conseguirlos. Expresiones que han llegado hasta nuestros días corroboran esta afirmación:

"Si Dios quiere"

"Dios me lo dio, Dios me lo quitó; bendito sea Dios"

"Que sea lo que Dios quiera"

Don Miguel Delibes detectaba cierto egoísmo en la religiosidad de los hombres del campo:

"Su impotencia frente al cielo acentúa la religiosidad del castellano, una religiosidad activa, que se muestra en tradiciones y fiestas -San Roque y la Virgen- pero con un ingrediente de interés: "Doy para que me des". Sacar al Santo, las rogativas, etc, constituyen viejos hábitos para impetrar del cielo un favor, generalmente la lluvia. Cuentan que hace años en un pueblecito de Castilla, ante la primera nube que apareció en el firmamento, tras una larga y seca primavera, los mozos se decidiera a sacar al Santo, implorando ayuda para sus campos, mas, en plena procesión la nube se asentó sobre el término y en lugar de agua, empezó a descargar piedras del tamaño de avellanas, Los mozos, desconcertados primero y despechados después, tomaron las andas y, en un impulso de irritación colectiva, arrojaron la imagen, insensible a sus ruegos, a la poza más profunda del río. He aquí, en última instancia, y a contrapelo, un auténtico acto de fe popular (Yo rezo para que me des)".

A veces, la resignación y el buen conformar no significaban que se echara en olvido la causa que producía el hecho desfavorable. En este sentido, el poeta satírico Manuel del Palacio (1831-1906) escribió el siguiente poema burlón relativo al mal de próstata:

Era uno que se quejaba
de esta grave enfermedad,
y su mujer le exhortaba
a tener conformidad.

«Acuérdate –le decía–
lo que el Santo Job pasaba
y cuánto el pobre sufría».

Y el marido respondía:
«De acuerdo... pero ¡meaba!»

ACTITUDES QUEJICAS: También es conocida la característica del hombre del campo de quejarse siempre de la meteorología por su incidencia en las cosechas. En este sentido, Delibes escribía de qué forma la meteorología dio lugar a la desconfianza generalizada del campesino en otros aspectos de la vida:

"La inseguridad atmosférica ha originado en el labriego castellano una segunda naturaleza basada en la desconfianza: desconfianza en las propias fuerzas y en la asistencia del sol o del agua que necesita. Esta desconfianza, apuntalada en razones climatológicas, va extendiéndose después hacia sus convecinos y hacia la vida misma y acaba configurando una manera de ser: la del hombre insatisfecho, receloso, que vive en una perpetua zozobra. El campesino castellano, por sistema, nunca nos dirá que las cosas van bien. Es incuestionable que el noventa y nueve por ciento de las veces tendrá razón, la cosecha, por fas o por nefas, se le tuerce o se le niega, pero cuando, por raro azar, llega un año en que los elementos se combinan, al fin, de una manera congruente y la tierra se muestra generosa, el campesino, que ha adoptado la quejumbre como un tic, no lo reconocerá así, nunca faltará un "pero" o un "sin embargo" que le impedirá exteriorizar abiertamente su satisfacción".

Como muestra de quejas, sirva de ejemplo la expresión coloquial:

"Nos jodió mayo con no llover"

Asimismo, quejas reiterativas como aquel que decía:

"¡Ay que hambre tengo!, ¡Ay que hambre tengo…!"

Y después de haberse hartado seguir quejándose:

¡Ay que hambre tenía! ¡Ay que hambre tenía…!"

Hablando de quejas, y en tema más serio, el poeta Esteban Villegas en un epigrama jocoso escribía:

Siempre soltero Vicente
soñaba que se casaba
y aunque lo hizo felizmente
cuentan que al día siguiente
soñó que se divorciaba.

RESPETO A LA PALABRA DADA: El refranero hace mención al carácter contundente y sincero de las gentes de esta tierra mesetaria:

"Castellano fino: Al pan, pan y al vino, vino"

Otra característica digna de destacar es el respeto y el valor de la palabra dada. Una muestra de ello la tenemos en los tratos realizados en las ferias de ganados como eran la Feria de Almazán y la de Gómara. En efecto, la compra-venta de animales en las ferias se efectuaba sin mediar documento alguno. El trato se realizaba mediante ofertas y contraofertas verbales entre vendedor y comprador hasta llegar a un acuerdo. En las ferias de ganado el "chalaneo" y el "regateo" eran prácticas habituales. A menudo, cuando la diferencia entre lo ofertado y lo requerido era reducida, intervenía una tercera persona de confianza que ayudaba a ambos a llegar a un acuerdo. A esta operación se la conocía como "terciar" o "mediar". Tras aproximaciones sucesivas, al final solía optarse por "partir la diferencia". Después del acuerdo económico se procedía a "chocar la mano" como única firma legal del trato realizado. Se decía que:

*"Cuando dos hombres se dan la mano,
no hay documento que tenga más fuerza"*

La seriedad que implicaba el choque de manos rubricaba el dicho de que:

"Entre caballeros, un trato vale más que un contrato"

LA PREVISIÓN Y LA PRUDENCIA: El refranero también recoge el carácter previsor, ahorrador y buen gestor de los recursos disponibles basado en la dureza de los trabajos del campo para conseguirlos:

*"Las cosas que más cuesta conseguir,
son las que más tiempo se conservan"*

"Mejor se guarda, lo que con trabajo se gana"

Una característica a destacar del nagimense es la de ser, en general, prudente en la toma de decisiones y algo desconfiado en seguir los consejos de personas ajenas a su entorno. Sin embargo, a lo largo de los tiempos ha habido personas que han sido víctimas de estafas como las que se mencionan el Tomo VII de esta serie de libros. En este sentido se puede decir que aprendieron bien la lección enseñada en la escuela a través de la fábula de Samaniego *"El perro y el cocodrilo"* que muchos sabían de memoria:

*Bebiendo un perro en el Nilo
al mismo tiempo corría.
—Bebe quieto—le decía
un taimado cocodrilo.*

*Díjole el perro prudente:
—Dañoso es beber y andar,
¿pero es sano el aguardar
a que me claves el diente?*

¡Oh, qué docto perro viejo!
Yo venero tu sentir
en esto de no seguir
del enemigo el consejo.

El abogado y escritor soriano Javier Narbaiza en su libro titulado: *"Retrato de maestro y escolares"* dice lo siguiente:

"…el soriano muestra el carácter y condición propios de su tierra de procedencia, es decir, dócil y humilde, aunque sin bajeza, mirado y circunspecto en tratos y contratos, sin aborrecer el trabajo, pero tampoco buscándolo con avidez".

Este mismo autor, en un pasaje del libro mencionado destaca el afán del soriano en conservar las cosas y no tirar nada por si fueran necesarias para un uso posterior. El texto hace referencia al hallazgo casual de unos recipientes de herbicida de una marca concreta de la que su padre era representante comercial para la comarca de Almazán y que hacía cincuenta años había dado al vendedor de una moto Guzzi - Hispania como pago de una parte del importe de la misma. El texto dice así:

"Cuando se atesoran durante cincuenta años estas reliquias, pienso en piedras de mérito mantenidas en Soria por ese instinto de conservar las cosas, gracias al que se sostienen atalayas e iglesias durante siglos y siglos; amén de gruesos manojos con llaves oxidadas de latas de sardinas, que ha sido otro hallazgo de mis rebuscas. Por todo, ningún lugar puede presentar más ventajas para proclamar sostenibilidades que esta tierra en la que nada se tira".

ASPECTOS NEGATIVOS DEL CARÁCTER SORIANO: No todo son virtudes en el carácter de las personas de la tierra soriana. En tiempos pasados, algunos observadores detectaron aspectos que no dejan bien parado al personal. Hablaban, no exentos de razón, que el soriano tiene un temperamento duro y frío como el clima, es muy individualista, poco amante del colectivismo, envidioso del vecino, desconfiado sin dejar de ser hospitalario, ahorrador y previsor, pero hasta extremos excesivos lo que, en muchas ocasiones, ha limitado iniciativas empresariales o inversiones con futuro prometedor. El ilustre pedagogo y poeta soriano Ezequiel Solana en una de sus *"Fábulas educativas"* titulada *"Los afanes de la tia Colasa"*, ponía de manifiesto el hecho de los errores "económicos" de esta buena señora que: *"por atender lo pequeño se olvidaba de cosas mayores"*. La fábula dice así:

Era la tía Colasa
mujer muy de su casa,
y en los estivos meses,
al recoger las mieses,
sin curarse de fatigas ni sudores,
seguía a los tostados segadores
para buscar con incesante anhelo
las espigas caídas por el suelo.

No creo que tal cosa
bastara a acreditarla de hacendosa,
aunque también es llano
que un granero se forma grano a grano,
y que, al obrar así, la tía Colasa
fomentaba la hacienda de su casa.

Pero ocurrió que, en tanto
que sin ahorrar quebranto,
sudores ni fatigas,
llevaba ella a la parva unas espigas,
al ver el abandono en que dejaba
su agostero las mieses que acarreaba,
de la era, unos rapaces
se le llevaban los pesados haces.

Resultando que si ella en importuno
trabajo acrecentaba como uno,
los otros, según cuento,
le hacían un perjuicio como ciento.

En coger el salvado hay quien se obstina
sin cuidar de la harina,
y ahorrando así los céntimos, ufano,
se le van las pesetas de la mano.

El negativo sentido ahorrador llevado al máximo extremo fue contado por Vital Aza la siguiente graciosa poesía titulada "Economía doméstica":

Sostiene el buen don Rufino,
con razón en muchos casos,
que en Madrid los comestibles
nos los dan sofisticados.

Que ni el arroz es arroz;
ni los garbanzos, garbanzos;
ni los cuartos de gallina
son de gallina, ni cuartos.

Que las terneras son bueyes,
y los conejos son gatos,
y el chocolate una mezcla
de bellotas y torraos.

Así, que el buen don Rufino,
que está un poquito chiflado,
no compra nada en comercios
muy antiguos, pero en cambio,
en cuanto sabe que se abre
una tienda en cualquier lado,
allá va el pobre, seguro
de no sufrir un engaño.

Porque dice, y dice bien:
—«Para ganar parroquianos,
no han de dar el primer día
los géneros averiados.»

Por eso hoy en cuanto supo
que en la Plaza de Bilbao
se abría una huevería
con muchísimo aparato,
fue don Rufino el primero
que entró a comprar muy temprano.

Y al ver que los huevos eran
gordos, frescos y baratos,
dijo el hombre: –¡Esta es la mía!
El precio es muy arreglado,
y ya que están tan fresquitos
es la ocasión de comprarlos.

Y dándoselas de cuco
y de económico y práctico,
¡compró setecientos huevos
para el consumo del año!

En cuanto al excesivo individualismo Miguel Delibes escribía:

"La despoblación, los caseríos diseminados por la montaña o la llanura mal comunicados por intransitables caminos de relejes, han acentuado la propensión al aislamiento del castellano. El campesino, tal vez por el deficiente sentido de la organización o por estar habituados a resolver por sí mismo desde niño los problemas que a diario se plantean, no cree en la eficacia de la tarea colectiva, se muestra refractario a toda empresa común. Su vida parece regirse por una máxima que no deja de ser un dislate: "Lo mío es mío pero lo de todos no es de nadie". De esta manera, el castellano, que en los momentos cruciales y ante las dificultades de sus prójimos es un ser desinteresado, generoso y compasivo, se torna reacio a la asociación, y hasta insolidario, en la vida cotidiana normal… Pobreza, incomunicación, creciente soledad, van actuando, día a día, el irreductible individualismo castellano –mal general de todo el país, aunque seguramente en otra medida- causa generadora de no pocos de nuestros infortunios".

Antonio Machado, que tanto y tan bien cantó al paisaje soriano, no se comportó igual con el paisanaje. En efecto, a pesar de las alabanzas a las gentes labriegas mencionadas en el punto anterior, en otras ocasiones opina lo contrario con expresiones altamente ofensivas:

"Mala gente que camina y va apestando la tierra"

"Atónitos palurdos sin danzas ni canciones"

Con relación a esta última aseveración, hay que discrepar abiertamente con don Antonio tal como lo hizo, magistralmente, Miguel Delibes en su obra *"Castilla, lo castellano y los castellanos"*:

"En rigor, el campo castellano nunca careció de folclore, de exaltaciones fiesteras, pero si el folclore debe ser revelador del carácter de un pueblo, parece coherente que el referente al castellano sea como él, parco y sobrio, tan alejado, por referirnos a dos manifestaciones extremas, de la explosión vital, proclive a la coreografía y al cante, del andaluz, como del derroche pirotécnico, atronador del levantino… La famosa danza de Carnaval, por ejemplo, que alegró no pocos de nuestros pueblos, en la que un personaje -el murrio- (el zarrón de Almazán o el zarrión de Serón), seguramente conectado con tradiciones antiquísimas y evocando, tal vez, la figura del diablo, vagaba entre los danzantes levantando las sayas a las mozas y provocando la hilaridad general y una instrumentación musical primaria, aunque rica en ritmos, a base del almirez, la botella, los hierros, la zambomba, las tejoletas, el pito de caña, el arrabel (una sarta de manillas de cabra engarzadas en una cuerda), la dulzaina, etc. Castilla cantaba y danzaba entonces y canta y danza hoy en las comunidades que han logrado sobrevivir a la inercia de los tiempos, bien que de un modo poco personal y un tanto pálido y monocorde".

Antonio Machado en su obra "Campos de Castilla" escribe los siguientes versos:

El hombre de estos campos que incendia los pinares
y su despojo aguarda como botín de guerra,
antaño hubo raído los negros encinares,
talado los robustos robledos de la sierra.

Abunda el hombre malo del campo y de la aldea,
capaz de insanos vicios y crímenes bestiales,
que bajo el pardo sayo esconde un alma fea,
esclava de los siete pecados capitales.

Los ojos siempre turbios de envidia o de tristeza,
guarda su presa y libra la que el vecino alcanza;
ni para su infortunio ni goza su riqueza;
le hieren y acongojan fortuna y malandanza.

Veréis llanuras bélicas y páramos de asceta
no fue por estos campos el bíblico jardín;
son tierras para el águila, un trozo de planeta
por donde cruza errante la sombra de Caín.

En la obra en verso "La tierra de Alvargonzález", Antonio Machado escribe:

Mucha sangre de Caín
tiene la gente labriega
y en el hogar campesino
armó la envidia pelea…

La codicia de los campos
ve tras la muerte, la herencia,
no goza de lo que tiene
por ansia de lo que espera.

El padre jesuita José Antonio Butrón y Mújica (1657-1734) estuvo desterrado en Soria ejerciendo como profesor de literatura, en el Colegio del Espíritu Santo, hoy IES Antonio Machado. Este personaje escribió poemas satíricos y burlescos que le ocasionaron serios disgustos y estuvieron envueltos en fuertes polémicas. Con respecto a la ciudad de Soria, escribió la siguiente poesía despectiva hacia esta tierra y sus gentes:

Ciudad, terror de romanos,
que Escipión al pelear
jamás te quiso tomar
por no ensuciarse las manos.

CONCLUSIONES: Los antepasados sorianos y los nagimenses en particular, eran generalmente personas dotadas de especiales características en lo relativo a su ingenio y ocurrencia en situaciones relacionadas con sus convecinos. En algunos casos poseían escasos conocimientos culturales, porque su paso por la escuela había sido efímero, ya que inmediatamente tenían que abandonarla para apoyar a sus familias en los trabajos del campo o en el cuidado del ganado. En contrapartida, su escasa formación académica estaba compensada por el hecho de ser profundos conocedores de la "gramática parda" que se va adquiriendo con los años, en la "universidad de la vida". Habían asimilado las experiencias razonadas durante siglos por gentes que se paraban a mirar la evolución de los diferentes fenómenos de la naturaleza y extraer conclusiones de su entorno.

Nuestros antepasados eran capaces de aprender de los errores que inevitablemente se cometen en la vida. En este sentido, se decía:

"Todos cometemos errores; sin embargo:
- Los sabios los reconocen y aprenden de ellos.
- Los generosos enseñan a los demás a evitarlos.
- Los mediocres niegan haberlos cometido.
- Los tontos los repiten".

El escritor, poeta y dramaturgo de origen irlandés Oscar Wilde escribía:

"La experiencia no es nada más que el nombre que damos a nuestros errores"

También la ingeniosa frase siguiente recoge aquella forma de proceder:

"Aprendían del pasado, vivían el presente y trabajaban para el futuro".

En tiempos pasados, los mayores eran admirados y respetados por los jóvenes por los saberes acumulados a lo largo de la vida. Los *"Consejos de ancianos"* constituían, en las civilizaciones antiguas, la expresión de la sabiduría que debía gobernar la vida de los ciudadanos y decidir sobre los grandes temas sociales. En este sentido, creo que el entorno actual ha empeorado con respecto a épocas anteriores.

Como muestra del valor de la experiencia adquirida con los años, sirva la siguiente anécdota:

Cuentan que un joven quería ser un buen leñador y tomó de maestro al mejor talador de la zona. Cuando se consideró bien preparado se enfrentó con él en un campeonato. El muchacho era mucho más joven, más fuerte y más ágil que el viejo maestro, por lo que empezó la tala con enorme fuerza y no paró hasta el final. Durante la tala miró al veterano que estaba un poco alejado. Lo vio sentado, y pensó que descansaba. Al terminar le sorprendió que el veterano había cortado más árboles que él. No lo entendía, y le dijo:

—"¿Sí le miré cuando estaba descansando, y yo no paré?".

—"¡No descansaba, estaba afilando el hacha!".

La circunstancia de aprovechar el tiempo en cosas productivas para salir adelante en la vida era recalcada por los mayores a los más jóvenes. En este sentido un anciano inteligente del pueblo le leyó a este autor una poesía que después he descubierto que su autor es el poeta, periodista y catedrático de Historia y Literatura de la Universidad de Zaragoza don Miguel Agustín Príncipe (1811 – 1863). Su título es, precisamente, *"El tiempo perdido"* y dice así:

> *De un jardín en el pozo*
> *solía divertirse cierto mozo*
> *horas pasando enteras y mortales*
> *en subir y bajar sus dos pozales;*
> *su objeto era llenarlos*
> *de dicho pozo en el profundo abismo,*
> *y subirlos arriba y derramarlos,*
> *no en el jardín sino en el pozo mismo.*
>
> *Lo vio un anciano, y con su voz pachucha*
> *le dijo: —¿Sabes, joven, que no entiendo*
> *ese tu afán tremendo*
> *en fatigar la soga y la garrucha?*
>
> *Si al verte sacar agua en tal manera*
> *te viese al menos arrojarla fuera,*
> *vería yo algún fin en tu trabajo;*
> *pero ¿a qué es esperar ansia tan viva*
> *en subir y subir el agua arriba*
> *para luego otra vez volverla abajo?*
>
> *—Yo me divierto —el mozo le contesta—*
> *con este rudo afán que a usted molesta;*
> *mas, ya que usted se pone a reprenderlo,*
> *¿sabrá decirme lo que pierdo en ello?*
>
> *El viejo le replica: —¡Joven loco,*
> *pierdes el tiempo! ¿Te parece poco?*

Hoy en día, las relaciones intergeneracionales son muy diferente. Los espectaculares avances tecnológicos, que se han producido en muy pocos años, hacen que los saberes de las personas mayores se consideren obsoletos. Y son, precisamente, las personas de avanzada edad, las que tienen enormes dificultades para adaptarse al mundo en el que les ha tocado vivir. Los jóvenes manejan con facilidad recursos que muchos ancianos no saben utilizar y que se han convertido en las nuevas fuentes del saber. Ello motiva que muchas personas mayores sean arrinconadas, como reliquias integrantes de un mundo que desaparecerá definitivamente cuando ellas mueran.

En relación con las generaciones inmediatamente anteriores a las de este autor hay que decir que, en general, se caracterizaron por ser un ejemplo de trabajo, honradez, austeridad, generosidad y previsión. De jóvenes trabajaban para sus padres y de casados para sus hijos. El trabajo se veía como una oportunidad para progresar y asegurar un futuro mejor, sobre todo para los hijos. Por esta razón se entregaban al trabajo en unas condiciones muy penosas. Se prescindía de lujos y se vivía con cuenta, intentando ahorrar lo que se podía: *"por si pasaba alguna desgracia"*.

Las virtudes enumeradas anteriormente del carácter soriano influyeron positivamente en el éxito, casi general, de las gentes que, a mediados del siglo XX, se vieron obligadas a emigrar a las grandes ciudades para buscar nuevos horizontes de futuro para sus familias. Con anterioridad a la emigración masiva, ya en época de la trashumancia, algunos sorianos emprendieron negocios en tierras andaluzas que llegaron a ser muy prósperos. Otros se quedaron a trabajar en los molinos de aceite siendo muy apreciados laboralmente por sus patronos. Por lo general, los sorianos trashumantes, debido a su sentido de la economía, sus conocimientos aritméticos *(sabían de cuentas)*, su seriedad y capacidad organizativa, ejercieron labores de nivel superior a la de simples peones, llegando a tomar responsabilidades de mando, contables o administrativas.

"EL CHUPINA" DE SERÓN, "EL RUBIO" DE NOVIERCAS Y LA ESPOSA DE GUSTAVO ADOLFO BÉCQUER

CONSIDERACIONES GENERALES: En el presente escrito se van a recopilar los hechos y circunstancias por las que un vecino de Serón, apodado el "Chupina", tuvo contactos con el "Rubio" de Noviercas, que, según se dice, fue "compañero sentimental", no oficializado, de la esposa del famoso escritor del romanticismo español, Gustavo Adolfo Bécquer. La rocambolesca y turbia relación descrita se enmarca dentro de la historia del bandolerismo patrio.

En este capítulo se va a comenzar por hacer un esbozo de las circunstancias históricas en las que suceden los hechos descritos. Posteriormente se hará una breve biografía de Gustavo Adolfo Bécquer, su esposa Casta Esteban y la relación sentimental de ésta con el bandolero "El Rubio", compañero de "correrías" del "Chupina" de Serón.

A continuación, se describirá el conocido en la comarca como "El robo de Beratón" que constituyó el último pillaje efectuado por la banda que estaba al mando del "Chupina" de Serón y que acabó con el encarcelamiento de éste y con la muerte de su compañero de correrías el "Rubio".

Se concluye el capítulo con la trascripción literal del romance que relata, de forma versificada, los detalles de aquel original robo del que fueron víctimas varios vecinos del pueblo de Beratón.

***CIRCUNSTANCIAS HISTÓRICAS DEL BANDO-
LERISMO:*** Los hechos que se van a describir ocurren en unas fechas en las que España se encontrada sumida en un auténtico caos político y social. Había fracasado estrepitosamente la Primera República. El general Serrano había dado un golpe de estado y los carlistas habían comenzado su Tercera Guerra. El vacio de poder y las consecuencias socio-económicas que conllevaba la situación, eran un caldo de cultivo propicio para la aparición del bandolerismo. Por esta razón, proliferaron numerosos grupos de facinerosos por toda la geografía nacional. Conocidos son los casos de bandoleros famosos y sus cuadrillas en el sur de la Península. Castilla no fue una excepción como lo demuestra el caso que se relata en este capítulo y que tuvo como protagonista al antepasado nagimense apodado el tio "Chupina".

***GUSTAVO ADOLFO BÉCQUER Y SU RELACIÓN
CON CASTA ESTEBAN NAVARRO:*** Se procede a continuación a hacer una breve biografía del poeta Gustavo Adolfo Bécquer, haciendo hincapié en el encuentro y periodo de vida en común con su esposa Casta Esteban, relacionada con "el Rubio", compañero después de "el Chupina" de Serón.

Bécquer nació en Sevilla el año 1836 quedando huérfano a los diez años. Estudió humanidades y pintura hasta que se trasladó a Madrid. Parece ser que era una persona muy enamoradiza. En su juventud conoció a diversas damas que, además de "cariño", le inspiraron alguna de sus *Rimas* y de otras composiciones más amargas.

Estando en Madrid, cierto día acudió a la consulta de un médico a causa de padecer una enfermedad. Algunos biógrafos del poeta dicen que se trataba de una enfermedad venérea consecuencia de sus escarceos amorosos. El médico y su esposa descendían de los pueblos sorianos de Pozalmuro y Noviercas respectivamente. Antes de trasladarse a Madrid, el doctor ejerció la medicina en los pueblos sorianos de San Felices, Torrubia (donde nació Casta en 1841) y Yanguas.

El médico estuvo en Madrid unos seis años hasta que se retiró a Noviercas donde falleció el año 1876. Fue en la aquella consulta del médico donde Bécquer conoció a la hija de éste, Casta Esteban Navarro. Ambos contrajeron matrimonio en la iglesia de San Sebastián de la capital de España.

Detalle de un retrato de Gustavo Adolfo Bécquer pintado por su hermano Valeriano.

Parece ser que el matrimonio nunca fue feliz y los distanciamientos se hicieron palpables al poco tiempo de contraer matrimonio. Las razones eran dos:

-Ciertos autores señalan que Casta no resultaba la compañera adecuada para el poeta por no ajustarse a los cánones del romanticismo imperante en la época. Si bien era muy guapa, no resultaba simpática en el trato ni tenía aptitudes acordes con las relaciones públicas necesarias en los ambientes frecuentados por su esposo.

-Por otra parte, Bécquer se dejaba influir por su hermano y pintor Valeriano, quien lo arrastraba hacia correrías y escapadas "artísticas" de las que quedaba excluida su esposa con la excusa de atender a sus hijos. Casta estaba quejosa de la constante aparición de Valeriano en sus vidas.

Tras vivir el matrimonio en Madrid, en el año 1868 Gustavo mandó a su esposa a la casa familiar de Noviercas con el fin de protegerla de la revolución que terminaría con el destronamiento de la reina Isabel II. El poeta se quedó en la capital para seguir trabajando. Sin embargo, pasado algún tiempo, se quedó sin empleo y decidió ir también a Noviercas, pero siempre acompañado por su hermano Valeriano. La continua presencia e influencia del cuñado aumentaba progresivamente el alejamiento sentimental entre Casta y Gustavo Adolfo Bécquer.

Según algunos biógrafos, con objeto de atraer de nuevo a su marido y separarlo de su hermano Valeriano, Casta intentó darle celos para lo que entabló relaciones ocultas con el vecino del pueblo, personaje pendenciero, apodado el "Rubio" al que ya conocía desde sus años jóvenes cuando en los veranos venía con su familia a Noviercas. El Rubio era una persona de conducta reprobable. Otros biógrafos, argumentan que las relaciones de Casta con el Rubio lo fueron, no sólo por provocar celos en su marido Gustavo Adolfo, sino por razones meramente concupiscentes, y dicen que, por su comportamiento:

"Casta no hacía honor a lo que significaba su nombre"

La situación económica de la familia tampoco fue muy boyante. Casta siempre mencionaba que:

"En su casa había mucha pluma para escribir, pero poco pollo para guisar"

Ya sea por "celos" o por "cuernos" el hecho es que Gustavo Adolfo Bécquer se separó de su esposa y junto con su hermano Valeriano y sus dos hijos se fueron a vivir, primero a Toledo regresando definitivamente a Madrid a finales de 1869.

En el mes de diciembre de 1868 nació en Noviercas el tercer hijo de Casta. La paternidad de Bécquer fue puesta en duda por la gente del pueblo basándose en su relación con el "Rubio". Este hecho nunca fue demostrado.

Transcurrido poco tiempo, falleció Valeriano Bécquer. Su hermano Gustavo Adolfo quedó sumido en una profunda depresión. Casta se volvió a reunir con su esposo, como si el culpable de la separación hubiera sido el hermano. En diciembre de 1870 fallecía también Gustavo Adolfo a los 34 años de edad. Tan solo habían trascurrido tres meses desde la muerte de su hermano. Casta tenía entonces 29 años.

El año 1872, Casta Esteban, viuda de Bécquer, se volvió a casar, en Noviercas, con un recaudador de impuestos. Este matrimonio duró muy poco tiempo por la muerte trágica del marido. El pedagogo y escritor Heliodoro Carpintero, oriundo de Soria, describe el crimen del recaudador en los siguientes términos:

"En la tarde del martes de Carnaval acudieron Casta y su marido a la casa de D. Luis García, donde se celebraba un animado baile familiar, en el transcurso del cual hubo una discusión y se expulsó al "Rubio" de la fiesta. Casta se dispuso a marchar a casa con su marido. Juntos salieron del brazo. No habían dado más que unos pasos cuando sonó un tiro y Casta vio que su marido caía al suelo con ayes de dolor que se mezclaron a los de Casta.

Cuando el 26 de febrero de 1873, se produce el asesinato del segundo marido de Casta el pueblo señala al "Rubio" como autor del crimen. Pero el crimen, fuera o no él su autor, queda impune, hoy sabemos que pudieron existir otras razones con motivo de su trabajo como recaudador de impuestos".

Apenas trascurrido un año de quedarse viuda por segunda vez, murió en Ágreda el hijo pequeño de Casta cuando el niño apenas tenía cinco años de edad. Tras esta nueva desgracia regresa a Madrid pidiendo ayuda económica a la Asociación de Escritores y Artistas. Según algunos biógrafos llevó una vida un tanto desordenada y licenciosa, cometiendo todo tipo de extravagancias.

Casta Esteban Navarro, la que fuera esposa de uno de los más grandes literatos del romanticismo español, tras una vida plagada de desgracias, murió en Madrid el año 1885 cuando contaba con cuarenta y tres años de edad.

RELACIÓN ENTRE "EL RUBIO" DE NOVIERCAS Y "EL CHUPINA" DE SERÓN: En el punto anterior se ha mencionado la posible relación extraconyugal de la esposa de Gustavo Adolfo Bécquer con el "Rubio". También se ha dicho que este individuo era una persona pendenciera y de mala conducta. Resultaba, pues, un buen candidato para formar parte de alguna cuadrilla de bandoleros, como así ocurrió. En efecto, los hechos que se van a relatar a continuación pusieron en evidencia que el Rubio fue miembro de la cuadrilla de bandoleros capitaneada por el "Chupina" de Serón. Esta cuadrilla realizaba sus acciones delictivas allí donde sospechaban que había dinero o mercancías fáciles de rapiñar. Eran asiduos en caminos transitados por paso de mercaderes, itinerarios de llagada o salida de ferias de ganado o bien golpes de efecto imprevistos hacia objetivos concretos por algún chivatazo o al olor de caudales con posibilidades de *cambiar de mano*. En algunos casos los componentes de la banda vivían su vida en familia y en sus respectivos lugares de residencia y solamente se reunían para cometer fechorías, asaltos o golpes concretos, dispersándose inmediatamente, lo que dificultaba su identificación y apresamiento. El anonimato era total. La condición de bandolero eventual no era conocida en su entorno próximo ni en el pueblo de procedencia. Este parece ser que era el caso de la banda del "Chupina".

Algunos cronistas dicen que fue el "Rubio" quien sugirió al "Chupina", jefe de la cuadrilla de bandoleros, llevar a cabo uno de los robos colectivos que, por su planteamiento y ejecución, se puede considerar como uno de los episodios más pintorescos de la historia del bandolerismo español. Se trató del robo, en un solo golpe de mano, a los más pudientes habitantes de todo el pueblo de Beratón, situado al pie del Moncayo en su vertiente soriana. El modus operandi del robo se describe en el punto siguiente.

EL ROBO DE BERATÓN: El día 8 de febrero de 1874 era domingo y, como de costumbre, la parroquia de San Pedro Apóstol de Beratón estaba llena de fieles para cumplir con el precepto de asistir la misa dominical. Apenas comenzada la ceremonia religiosa irrumpieron, de forma violenta, en la iglesia seis bandoleros armados con trabucos entre los que estaba el capitán de la banda, el "Chupina". Fuera del templo quedaron vigilando otros cuatro forajidos igualmente armados.

Una vez retenido todo el vecindario en la iglesia, fueron llamando por su nombre y sacando, uno a uno, a los vecinos más pudientes del pueblo. Haciéndose acompañar por cada uno de ellos, irrumpían en su casa exigiendo, bajo amenazas, los dineros celosamente guardados y escondidos en las arcas. Una vez hecho el desfalco de cada casa, devolvían al dueño a la iglesia repitiendo la operación con otro vecino y así sucesivamente. Una vez que se hicieron con el botín atrancaron la puerta de la iglesia para asegurarse de que los vecinos quedaban encerrados. Con la tranquilidad que esto le daba, la cuadrilla de bandoleros procedió a reunirse para repartirse el botín, a la vez que decidieron darse un festín con el adobo de la matanza y vino encontrado en una de las casas, con la seguridad que les daba verse dueños del pueblo con los vecinos encerrados en la iglesia.

El plan parecía perfecto; sin embargo, ocurrió que varios jóvenes de los encerrados en la iglesia lograron salir descolgándose desde la torre. Para esta operación hicieron uso de las cuerdas de las campanas y también anudando varias fajas que los más ancianos llevaban alrededor de la cintura para proteger los riñones. Una vez en tierra fueron a pedir ayuda a los pueblos vecinos de La Cueva, Purujosa y Borobia.

Mientras la cuadrilla merendaba y se repartían los cuartos, algunos de los encerrados en la iglesia, tras salir de la forma indicada, decidieron atacar a los bandoleros con la ayuda de los vecinos de los pueblos que, una vez avisados, acudieron en su ayuda. Los bandidos sorprendidos intentaron huir, pero fueron reducidos hiriendo a alguno de ellos entre los que estaba el capitán el "Chupina" que recibió un disparo en la pierna que le dejó cojo de por vida. El "Rubio" y otros tres compinches escaparon hacia el monte, pero les dieron alcance y murieron en la refriega.

"La cruz de los ladrones" de Beratón.

En recuerdo de la fatídica fecha en la que tuvo lugar el robo, una calle del pueblo de Beratón lleva actualmente el nombre de: *"Calle del 8 de febrero"*. Un paraje del término municipal de Beratón es conocido por el nombre de *"La cruz de los ladrones"*. En este lugar hay un corpulento quejigo que tiene talladas sobre su tronco tres grandes y profundas cruces. En este lugar fue donde abatieron y apresaron a los integrantes de la banda de "el Chupina" y las cruces rememoran aquel episodio.

ALGUNAS REFERENCIAS DOCUMENTALES DEL ROBO DE BERATÓN: Documentos del archivo municipal de Beratón dan testimonio de este suceso de la siguiente manera:

"El 8 de febrero de 1874, fue sorprendido el pueblo en la iglesia estando en misa mayor, por una partida compuesta por diez malhechores, que después de realizar el robo, los capturó el pueblo; murieron tres y herido el capitán en la persecución que hizo el pueblo hasta que se dieron todos prisioneros. Durante este suceso demostraron heroico valor todos los hijos de Beratón buscando medios de defensa, venciendo todos los obstáculos y arrostrando en todas las partes la muerte. Fue muy felicitado nuestro pueblo por todas las comarcas y elogiada su heroica defensa por la prensa de la Corte y provincias. El Gobernador, a la sazón civil y militar, se interesó por juzgar por lo militar a los ladrones, valiente propósito que no pudo realizar. Todos los pueblos, tan pronto como tuvieron notica del suceso, vinieron en auxilio del nuestro; pero los primeros, por razón de su proximidad, fueron La Cueva de Ágreda, Perujosa, Borobia y Calcena".

El *Boletín Oficial de la Provincia de Soria* (circular número setenta y publicada por el Gobierno civil de la Provincia) hace referencia al robo del pueblo de Beratón en los siguientes términos:

"En el pueblo de Beratón, el día 8 del que rige [febrero] ha entrado una partida latro-facciosa y sorprendidos todos los vecinos de dicho pueblo, dentro de la iglesia cuando estaban oyendo misa. Robaron seis casas; pero, cuando se disponían a marchar con el fruto de su rapiña, fueron atacados por el somaten de los pueblos vecinos [Purujosa, Borobia y La Cueva de Ágreda], quienes dieron muerte a cuatro de los ladrones, hiriendo y haciendo prisioneros a los seis restantes que aparecen ser vecinos de Noviercas, Serón, Ledesma, Buberos e Hinojosa del Campo, hallándose entre ellos el Regidor Síndico del primer pueblo".

Soria, 10 de febrero de 1874.

El Gobernador interino: Cándido Carretero.

Documentos del juicio recogen la conclusión de la acusación en estos términos:

"... se sobreseía libremente respecto a los tres ladrones muertos, así como al procesado Marcelino Celorrio por no resultar probada su participación. Sin embargo, en cuanto a los restantes participantes concluía: de robo en cuadrilla parcialmente armada ejecutado en poblado con intimidación y violencia en las personas y por cantidad mayor de quinientas pesetas, sus autores los procesados y presos... por el delito de haber perturbado la función religiosa en la misma Iglesia debe considerarse que fue un medio de ejecutar el robo a los efectos del artículo noventa del Código Penal que tanto la violencia como la intimidación tuvieron una gravedad manifiestamente innecesaria para la ejecución del robo, que asistieron las circunstancias agravantes de empleo de disfraz y de haberse verificado el robo en la morada de las personas robadas y teniendo presente los que antes han sido procesados, cuantas veces y porque delitos pide se imponga a Eugenio y Santiago Maza, Saturnino Acebes y Fernando Isla la pena de catorce años de cadena temporal.".

Sin embargo, la acusación intentaría ser mucho más dura con Lorenzo Calleja (catorce años y dos meses), Domingo Ledesma (catorce años y cinco meses) y, cómo no, con el Chupina, la máxima de catorce años y ocho meses.

En el capítulo sexto de la sentencia recogía la forma por la cual el Chupina quedaría cojo para el resto de su vida:

"Resultando que depurado con insistencia hasta adonde ha sido posible quienes y porque mataron a los tres ladrones muertos e hirieron a Francisco Gómara y los demás solo ha podido averiguarse que a Gómara lo hirió Lucio Serrano con una escopeta que para perseguir a todos le había dado el Párroco no sin que antes aquel disparara contra el grupo de perseguidores, y que los tres muertos sucumbieron también en la huida persecución y captura sobre cuyas lesiones y muertos se ha sobreseído libremente por lo que se estima probado."

ROMANCE DEL ROBO DE BERATÓN: Aparte del apunte oficial emitido por el ayuntamiento de Beratón y los documentos del proceso judicial citados en el punto anterior, el fatídico acontecimiento del robo fue recogido en un romance que se popularizó por la comarca y que relata, en verso y de forma pormenorizada, la secuencia de los hechos. El romance titulado *El robo de Beratón* dice así:

A las mujeres asustan
amedrentan a los niños
y a los hombres, boca abajo,
mandan ponerse allí mismo.

Armados con los trabucos
y empuñando los cuchillos.
—¡Nadie se mueva! —gritaron
teniendo puñal en mano:
"Si no queréis obedecer
pronto irá un trabucazo".

Hubo uno que se hizo el fuerte
y no se echó boca abajo,
le dieron con un cuchillo
y le rompieron el labio.

Se aproximan al altar
en donde estaba celebrando
el cura de la parroquia
y el sacristán ayudando.

—"Prosiga usted con su misa,
que todos somos cristianos"—
—"¿Como he de continuar,
si —como estáis observando—
los dos niños que ayudaban
se fueron amedrantados
y hasta a mí, el sagrado lienzo
se me cayó de las manos?".

Entonces el capitán
coge dos hombres del brazo
y los lleva hasta el altar
para que ayuden al párroco.

¡Qué sabían de ayudar
aquellos pobres ancianos
si habían estado siempre
con su ganado en Moncayo!

Pero eso a los bandoleros
les tenía sin cuidado-
Sin ningún temor de Dios
se pasean por el templo
haciendo mofa y escarnio
del Divino Sacramento.

Para aquellos bandoleros
aquel Dios de las alturas
solo está en el firmamento
y olvidan los anatemas
al menos, por el momento.

Ya se concluye la misa
y da comienzo el saqueo.
ya se cuadra el capitán
muy valiente y muy severo:

"Salgan de aquí esos pudientes,
el Ángel, el Molinero,
los del barrio de la Plaza;
que tienen mucho dinero,
y si pronto no lo entregan
van a pagar con el cuello"

Tres fueron los que se echaron
desde el campanario abajo
con peligro de sus vidas
y al cementerio cayeron.

¡Oh que acción tan prodigiosa
esos valientes hicieron
al dar aviso a otros pueblos
como lo verá el lector,
 si procura estar atento!

Uno se marchó a La Cueva,
otro se fue a Perujosa,
y el hijo del molinero
a la villa de Borobia.

Los tres se fueron corriendo
como el caso requería
a buscar un buen auxilio
en los pueblos convecinos,

mientras que los sitiadores
registraban los bolsillos
a cuantos de Beratón
les quitaron sus ahorrillos

Sacaron a la Mariona,
la mujer del Marianillo,
el mayor contribuyente
de este nuestro pueblecillo.

La llevaron a su casa
y mandaron degollarla
cual se degüella a un cabrito
hasta que diera los cuartos
que los tenía escondidos.

Y así sucesivamente
hicieron a otros vecinos
después de desvalijarlos
los llevaron a la iglesia
y los dejaron atados
para su mayor martirio.

Terminada la tarea
los ladrones reunidos,
llenos de satisfacción
y de regocijo henchidos,
metiéronse en una casa
a atracarse de chorizo.

Muy pronto los de la iglesia
salieron pegando gritos.
Se querían escapar
pero resultó tardío.

Entonces, el Lucio armado
los vio por una calleja,
no tuvo tal advertencia
que abajarse y esconderse
tras la pared de una era.

Los ladrones allí estaban
haciendo muy buenas cuentas
sobre la repartición
de las robadas monedas.

Igual el Lucio lo arregla:
—"Yo puedo matar a uno,
—decía con honda pena—
pero yo muero también,
mas venga lo que Dios quiera".

Se santigua y les dispara
y fue la suerte tan buena
que atravesó al capitán
del lado al lado la pierna.

Con otros diez trabucazos
los bandidos le contestan
y a la Virgen de los Santos
cuyo escapulario lleva,
les saca y les da a correr
hacia el valle, como ciervas.

Pronto los de Perujosa
asómanse a la cuesta
armados de hoces y palos
y otras ofensivas armas
que junto con los del pueblo
y otro que de lejos llegan
dan alcance a los bandidos
en las cercanas laderas
y oblíganles a rendirse

después de brutal pelea
dando como resultado
de estos tristes episodios
tres muertos tendidos quedan,
dos heridos, cinco presos.

Los conducen al poblado
cruzados en cinco bestias,
y pueblo y autoridades
piden a los cinco vivos
que se hagan los responsables.

EPÍLOGO: Tras el robo de Beratón, el pueblo de Serón quedó injustamente marcado porque el jefe de los bandoleros era natural de este pueblo. De hecho, durante algún tiempo llegó a circular por los contornos el dicho:

"En Serón, en cada casa un ladrón"

Se ignoraba la circunstancia de que los componentes de la cuadrilla tenían como lugar de procedencia diferentes localidades de la provincia, como se ha visto en la documentación judicial.

El "Chupina", tras cumplir la condena de cárcel impuesta por el tribunal, acabó ya de viejo fabricando pelotas que vendía a los jóvenes de Serón y de los pueblos próximos.

Como paradoja de la vida, los más ancianos conocidos por este autor comentaban, cómo un hombre con una vida tan intrépida y azarosa, siendo ya anciano, acabó siendo objeto de burlas y mofas por la chiquillería de su pueblo a causa de su "accidental" cojera.

LA PILA BAUTISMAL Y LAS PILAS DE AGUA BENDITA EN SERÓN

CONSIDERACIONES GENERALES: En el presente capítulo se van a describir unos objetos escultóricos que forman parte de los elementos fijos de las iglesias. Se trata de la pila bautismal y las pilas de agua bendita. En Serón la pila bautismal está en la iglesia parroquial y pilas de agua bendita existen en dicha parroquia y también en la ermita de la Virgen de la Vega.

ANTACEDENTES HISTÓRICOS: El agua siempre ha tenido una importancia fundamental en las Sagradas Escrituras. Se trata de un elemento de la naturaleza que se tomó como *símbolo de purificación* y, por tanto, de salvación. La liturgia de la Iglesia convirtió el agua en uno de sus símbolos sagrados para obtener beneficios espirituales. De ahí nació el sacramento del bautismo en el que se procede a derramar agua sobre la cabeza del bautizado para limpiarlo del pecado original y darle entrada y formar parte de la Iglesia Católica. El recipiente utilizado para la ceremonia el bautismo es la conocida como "pila bautismal".

Otro ritual del agua bendita en la liturgia católica es el de mojar los dedos en ella y santiguarse al entrar y salir de las iglesias. Como se ha dicho, simbólicamente se trata de un signo cristiano de purificación. El recipiente que contiene el agua donde se mojan los dedos es la "pila de agua bendita". El origen de estas pilas se remonta a los primeros tiempos de la Iglesia católica, pero la forma y posición de las pilas, tal como se hallan ahora en la entrada de las iglesias, empezó en el siglo XII y se generalizó a finales del siglo XIV. Tras la pandemia, la práctica religiosa de mojar los dedos y santiguarse al entrar en las iglesias está desapareciendo, debido principalmente a razones higiénicas y sanitarias.

Un curioso utensilio relacionado también con el agua bendita que hay en todas las iglesias en un recipiente metálico, que se llama *"acetre"* y que sirve para albergar y transportar esta agua y, mediante el *"hisopo"*, esparcir el sacerdote el agua en determinadas ceremonias para bendecir objetos, personas o lugares. El hisopo es una esfera hueca agujereada provista de un mango que el sacerdote sumerge en el acetre para que se llene de agua bendita y realizar las bendiciones, esparciéndola en gotas finas *(asperjar)*.

PILA BAUTISMAL: La pila bautismal de la iglesia de Serón está ocupando el centro de la capilla lateral situada a la izquierda de la entrada al templo. Se trata de una pila de origen medieval tallada a partir de un único bloque de piedra arenisca. La pila bautismal de Serón es muy austera y está exenta de elementos decorativos. La altura desde el suelo es de unos ochenta centímetros.

Normalmente, las pilas bautismales se dividen en tres partes: la basa, el fuste y la copa o vaso. En el caso de la pila bautismal de Serón estas partes tienen las siguientes características:

BASA: Se trata de un único apoyo pétreo situado en el centro inferior del conjunto. La altura de la basa con relación al suelo es de unos quince centímetros y su forma es octogonal.

FUSTE: No posee fuste ya que la copa o vaso apoya directamente en la basa.

COPA O VASO: La copa es la parte de mayores dimensiones de la pila. La tipología de la copa de la pila bautismal de Serón es semiesférica. La superficie exterior es de una total austeridad no presentando ningún elemento decorativo salvo dos hendiduras en círculo en la parte inferior y una hendidura, también circular, cerca del borde en la parte superior y otra en el mismo borde. El diámetro exterior de la copa en su boca es de unos noventa centímetros y el espesor de la pared en este borde superior es de unos doce centímetros.

PILAS DE AGUA BENDITA: Como se ha dicho al principio de este capítulo, en Serón existen pilas de agua bendita en la Iglesia Parroquial y en la ermita de la Virgen de la Vega.

1) PILAS EN LA IGLESIA PARROQUIAL: Hay dos pilas de agua bendita a ambos lados de la entrada a la iglesia desde el atrio. A continuación, se describen algunas características de las mismas:

Pila de la entrada lado derecho: Se trata de una pila en dos piezas. Originariamente pudo ser de una sola pieza por el hecho de que la junta de unión es muy irregular lo que induce a pensar que pudo sufrir una rotura en algún proceso de manipulación. También pudiera ser que ambas piezas no tuvieran, en principio, ninguna relación entre sí y en un momento determinado se acoplaran una con la otra para darle la función de pila.

La basa es bastante alta, de sección octogonal y con cuatro remates de refuerzo para su apoyo al suelo. El fuste es también de sección octogonal y sobre él se apoya la copa o vaso que tiene forma de tronco de pirámide octogonal con la cara mayor hacia arriba. El interior del vaso de la pila es de forma semiesférica.

Pila de la entrada lado izquierdo: Esta pila es de una sola pieza. Sobre una pequeña basa, en forma de tronco de pirámide cuadrada, se apoya un fuste cilíndrico acabado en un capitel sobre el que emerge el vaso o copa en forma de pirámide octogonal truncada con la base mayor hacia arriba. El interior del vaso es de forma semiesférica.

2) PILA EN LA ERMITA DE LA VIRGEN DE LA VEGA: En el lado derecho de la entrada a la ermita desde el pórtico hay una única pila de agua bendita con las siguientes características:

La pila está compuesta de dos piezas. Al igual que pasa con la pila del lado derecho de la parroquia, podría pensarse que originariamente pudo ser de una sola pieza por el hecho de que la junta de unión es muy irregular y que pudo sufrir una rotura. La basa y el fuste constituyen la pieza inferior de la pila y se caracterizan por su forma de prisma octogonal. La basa es de mayor altura que el fuste lo que le confiere gran esbeltez. Las caras del prisma octogonal de la basa están decoradas con sendos rectángulos inscritos en posición vertical. Ell vaso o copa tiene forma de pirámide octogonal truncada con la cara mayor hacia arriba. El interior del vaso es semiesférico.

EPÍLOGO: Un detalle curioso son las secciones octogonales de las pilas de agua bendita de Serón y la basa de la pila bautismal. Simbólicamente, el octavo día de la creación se considera como la resurrección de Cristo, razón por la cual, a menudo, las pilas son octogonales o poseen elementos de ocho lados en alguna de sus partes, como es el caso de las pilas de Serón.

Pila bautismal de la iglesia de Serón

Parroquia: Pila de agua bendita lado derecho (Vista superior)

Parroquia: Pila de agua bendita lado derecho (Vista lateral)

Parroquia: Pila de agua bendita lado izquierdo (Vista lateral)

Parroquia: Pila de agua bendita lado izquierdo (Vista superior)

Ermita: Pila de agua bendita (Vista superior).

Ermita: Pila de agua bendita (Vista lateral).

Acetre con hisopo de la parroquia de Serón

ANÉCDOTAS DE SORDOS NAGIMENSES

CONSIDERACIONES GENERALES: En el presente capítulo se van a relatar algunas de las bromas o gamberradas que las cuadrillas de la generación del autor llevaron a cabo en sus años mozos. Por lo general todas las bromas planteadas eran de una gran inocencia, pero constituían un motivo de infame diversión, porque suponía la puesta en ridículo de la persona que padecía alguna tara física. La inconsciencia propia de los años jóvenes, hacía que las principales víctimas escogidas fueran las personas más indefensas porque, solían ser las que estaban en situación más desfavorecida en cuanto a su nivel intelectual o integridad física. La perspectiva que dan los años nos demuestra que había cierta dosis de crueldad moral en nuestra forma de actuar dirigida hacia los individuos con determinadas taras físicas o mentales. Incluso algunas letras de jotas o canciones de ronda destilaban malsanas ironías hacia las personas con defectos físicos. Tal es el caso siguiente:

Junto a la puerta de un sordo
estaba cantando un mudo
y un ciego que pasó entonces
los miró con disimulo.

Algunas de las bromas o trastadas hacia estas personas se relatan a continuación. Sirva este escrito como recuerdo a las personas citadas y de sincera, aunque tardía, petición de disculpas a los protagonistas, de parte de toda nuestra generación por las gamberradas de sus años mozos.

- *EL LABRADOR SORDO:* Había situaciones que motivaron malévolas sonrisas y que fueron causa de mofas hacia sus protagonistas cuyo origen estaba en la desgracia de la pérdida auditiva. En una de estas situaciones, se trataba de dos hermanos uno de los cuales padecía una profunda sordera. Ambos realizaban juntos las tareas del campo. La merma auditiva, unida también a un indudable despiste, le jugó alguna mala pasada al sordo en el uso de los instrumentos de labranza y de las elementales máquinas de tracción animal que se empezaba a utilizar.

Cierto día, el sordo estaba efectuando el laboreo de una finca mediante un instrumento tirado por mulas llamado grada de rejas. La grada era un artilugio que estaba formado por una estructura metálica dotada de una serie de rejas de acero que se incrustaban en el terreno y realizaban una labor fina de ahuecado de la tierra y desmenuzado de los terrones. Este útil disponía de una palanca que accionaba manualmente la profundidad de penetración de las rejas. También permitía el levantado de las mismas para la puesta en posición de transporte de la grada por los caminos, apoyándose sobre unas pequeñas ruedas de hierro.

Resultaba imprescindible poner la palanca de la máquina en posición de transporte para circular por los caminos porque, de lo contrario, las rejas iban incidiendo sobre la tierra arañando la superficie y estropeando tanto el firme del camino como las propias rejas por la dureza de aquel.

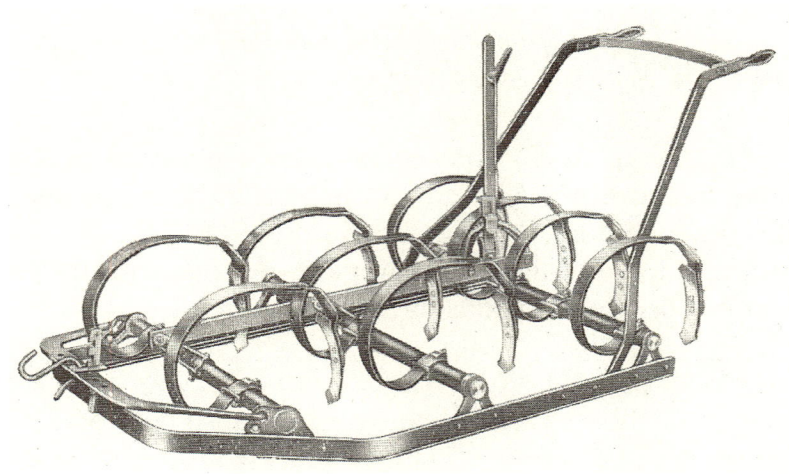

Grada de rejas.

Ocurrió que, una vez finalizada la operación de gradeo de una finca, nuestro personaje inició el trayecto hacia otra parcela, tirando del ramal de las mulas que iban delante y olvidándose de accionar la palanca que ponía la grada en posición de transporte. Este olvido en una persona con sus facultades auditivas normales hubiera sido inmediatamente subsanado ya que el contacto de las rejas con el firme duro de la carretera produce un ruido ensordecedor que avisa inmediatamente de la anomalía a los primeros metros de recorrido fuera de la finca. La falta de oído de nuestro amigo hacía que no se percatara de estos fuertes y metálicos ruidos por lo que continuaba su camino como si tal cosa, mientras que las rejas iban arañando la calzada y arrancando piedras a su paso. Percatado el hermano de la situación, por el fuerte ruido producido por el artilugio, echó inmediatamente a correr, dándole fuertes voces para avisarle de la situación e intentar detenerlo cuanto antes, para minimizar los destrozos en la carretera. La profunda sordera le impedía oir tanto los ruidos de las rejas como las voces de su hermano. Las personas que desde la vega vieron la estampa de los dos hermanos, uno caminando por la carretera con las mulas tirando de la grada tan tranquilo y el otro corriendo acelerado, vociferando y profiriendo toda clase de tacos y blasfemias hasta darle alcance, son los que narraron la situación, teatralizando la escena para conferirle la dosis de gracia necesaria. También contaron, de forma jocosa y seguramente exagerada, el posterior diálogo a voces entre ambos hermanos.

Los mismos hermanos fueron los protagonistas de una escena parecida ocurrida con otra máquina agrícola de tracción animal utilizada en la siega llamada gavillera (gavilladora). Estas máquinas tuvieron una amplia aceptación en Serón ya que resultaban manejables para circular por los tortuosos caminos del término y salvar los innumerables y empinados ribazos de contención y separación entre las pequeñas parcelas. Con estas máquinas se evitaba la tremenda dureza de efectuar la siega de las mieses a mano mediante la hoz, como se venía haciendo hasta entonces desde tiempos inmemoriales. En contrapartida, con estas máquinas había que recoger posteriormente, a mano, las gavillas o haces de mies, que quedaban desparramadas por toda la pieza de forma irregular, y hacerlas fajos para ser acarreados a las eras. De cualquier modo, en su conjunto, compensaba con creces el uso de estas segadoras, de ahí su amplia difusión.

La máquina gavillera fue, en su día, un prodigio de la mecánica, que causó admiración en nuestros abuelos, con la ventaja de que su manejo era muy sencillo A pesar de todo, algunas personas mayores no llegaban a familiarizarse con su uso. En más de alguna ocasión se nos pedía ayuda a los más jóvenes para la puesta en marcha de las mismas y subsanar, en pleno campo, alguna anomalía, lo que casi siempre se conseguía con un simple tornillo o incluso con unas ataduras provisionales con alambres.

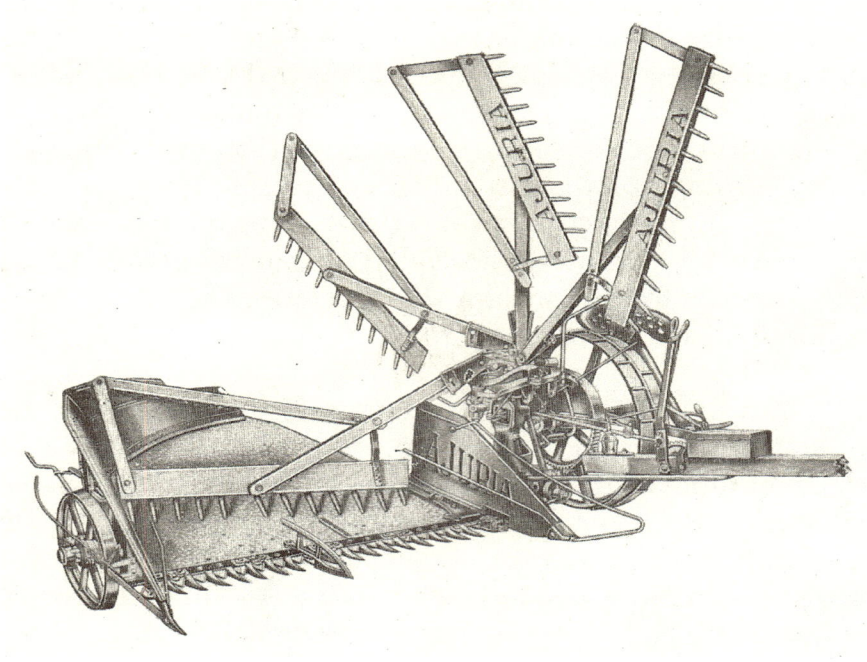

Máquina gavillera. (Gavilladora)

El funcionamiento de la gavillera era muy ruidoso y aparatoso. Por una parte, se accionaba el sistema de corte de la mies mediante una sierra dotada de un mecanismo de vaivén por la acción de una biela Por otra parte unos rastros de madera, en número de cuatro, iban girando según un eje vertical a la vez que se desplazaban de arriba hacia abajo para sujetar la mies en el momento del corte y para arrastrar la gavilla y tirarla al suelo desde el tablero metálico, una vez que ésta había adquirido el tamaño establecido. Toda la fuerza motriz la producía una caballería que tiraba por delante de la máquina y que iba guiada por una persona, a pie. Esta persona solía ser el más joven de la familia, porque a la posesión de cierta habilidad mecánica se unía el hecho de tener ligeras las piernas porque el trabajo llevaba implícito el mucho caminar, debido a las innumerables vueltas que había que dar alrededor de la parcela para ir segando, progresivamente y "tajo parejo", las tiras sucesivas de mies.

Volviendo a los dos hermanos, protagonistas de esta anécdota, se cuenta que un día al comenzar a segar con la gavillera en una parcela, se le olvidó al sordo accionar la palanca que ponía en funcionamiento el mecanismo de vaivén de la sierra que cortaba la mies. Cuando se accionaba la palanca, la máquina pasaba de ser un simple elemento rodante soportado por dos ruedas locas a activarse los engranajes que conferían accionamiento a la sierra de corte y a los rastros giratorios. El ruido que estos mecanismos producían era muy fuerte y el traqueteo era tal, que más de algún paisano, excombatiente de la guerra civil, llamaba a la máquina gavillera con el nombre de "ametralladora" porque el sonido producido, le traía recuerdos de su participación en la contienda. La generación de ruido era el indicativo de que estaban puestos en funcionamiento y activados todos los mecanismos para efectuar la siega.

Nuestro sordo amigo, por culpa de su carencia auditiva no era preceptor de los ruidos por lo que no podía distinguir por este sentido si la máquina estaba operativa o no para el corte de las mieses. El olvidadizo y despistado paisano echó a andar tirando de la caballería, que efectuaba tracción sobre la máquina, sin mirar para atrás y convencido de que iba segando el trigo. La consecuencia de la falta de accionamiento de la siega provocaba que las espigas se arrastraran, arrancando sus doradas cabezas y estropeando el preciado tesoro que significaba la cosecha que solo se recogía una vez, tras la espera de todo un año de trabajos, penurias e incertidumbres meteorológicas. Cualquier otro segador se hubiera dado cuenta de la anómala situación por la ausencia del fuerte ruido característico. Sin embargo, nuestro amigo sumido en su mundo interior de silencios no tenía, por su desgracia, ese poder de percepción auditiva.

Al percatarse de la situación el otro hermano, corrió hacia él, dando fuertes voces para que detuviera cuanto antes la máquina y así conseguir que el daño causado al sembrado fuera el menor posible. Las gesticulaciones y el vocerío para avisarle de la situación durante el seguimiento hasta darle alcance y el diálogo entre ambos hermanos, también a voces, recriminándole su despiste e involuntario error, fue escuchado por las personas que estaban por la vega en parcelas próximas. Alguna de estas personas fue la que contó la situación, exagerando el relato y escenificándolo teatralmente para mayor escarnio de sus protagonistas y por tanto conseguir, presuntamente, una mayor gracia en la narración.

- *EL TIÓ UGENIEJO:* A finales de la década de los cuarenta y durante los cincuenta, no disponían los jóvenes, como ocurre hoy en día, de los modernos sistemas de ocupar el tiempo de ocio como pueden ser la televisión, internet o simplemente escuchar música. Las actividades que realizaban los jóvenes en los pueblos estaban muy ligadas a acciones relacionadas con las cosas o las personas del mismo pueblo. Por parte de las cuadrillas de mozos se cometían bromas o se ridiculizaba a algún convecino, para luego comentar este hecho, con el único fin de pasar el rato y divertirse a su costa.

Vivía en la parte alta de la calle de Santa Ana un señor, ya mayor, llamado Eugenio. Seguramente, por razón de su menguada estatura, en el pueblo se le conocía con el curioso diminutivo de "el tió Ugeniejo". Se trataba, en el más amplio sentido de la palabra, de una buena persona. Por razones que desconozco, o quizá como consecuencia de su avanzada edad, había perdido el oído casi por completo. Su profunda sordera no era obstáculo para atender su huerto y darse buenos paseos por los caminos. Su impedimento físico, lo sumía en una absoluta soledad ya que no le permitía entablar conversaciones con los individuos que se encontraba a su paso, sin embargo, toda persona que se cruzaba con él, en razón a su bondad y sabedor de su carencia auditiva, le dirigía una frase de saludo, que se acompañaba siempre de un visible gesto con la mano y con la cabeza, para que se diera cuenta del deseo de ofrecerle el referido saludo. En señal de reconocimiento, inmediatamente, el tió Ugeniejo, respondía cariñosamente con otro ostentoso gesto con su brazo y con voz bastante alta, contestaba con un agradecido: "¡Adios!".

Cierto día, los chicos de la cuadrilla, vimos venir al tió Ugeniejo por la cuesta del Pilar procedente de su huerto. Inmediatamente, nos separamos en seis grupos, y fuimos cruzándonos con él de forma sucesiva, saludándolo con los gestos correspondientes. El ¡adios! dado como respuesta al saludo de cada uno de los grupos con los que se iba cruzando el anciano, era después seguido, a escondidas, por los chicos de unas continuadas y ruidosas risotadas. La razón de la presunta gracia estaba en que, en el mismo momento de efectuar los gestos de saludo con los brazos, la frase que habíamos acordado utilizar para el saludo era la siguiente:

¿A quién te comerías?

El *¡adios!* dado por el anciano sordo como fórmula habitual de cordial respuesta a nuestro saludo, podía interpretarse como: *¡A Dios!*, y de ahí el origen de nuestras risas.

En resumen, que con nuestra broma hicimos que el tió Ugeniejo manifestara su deseo de comerse a Dios media docena de veces en tan corto espacio de tiempo. La repetición, entre nosotros, de la pregunta de saludo y la respuesta correspondiente, en momentos, lugares y circunstancias que no venían a cuento eran objeto de risa e inexplicable regocijo para todos los componentes de la cuadrilla autores de aquella estúpida broma dirigida a tan indefensa persona.

- *LA TIÁ CHACHA:* Había una mujer en Serón a quien queríamos egoístamente todos los componentes de nuestra cuadrilla de mozos. Se trataba de una anciana que era tía abuela de uno de los amigos de la panda. La mujer adolecía de una profunda sordera que le impedía seguir una conversación y era necesario recurrir a las voces para que se enterara de lo que se le quería transmitir. Vivía sola en una pequeña y vieja casa de planta baja, hoy desaparecida, situada en la calle de la Zamarrilla. La mujer se llamaba Josefa, pero era más conocida en el pueblo por el apodo de la tiá Chacha.

Los chicos de nuestra cuadrilla le profesábamos un cariño interesado, derivado del hecho de que, siempre que se lo pedíamos, nos prestaba su casa para juntarnos y celebrar juergas, meriendas y farras. Lo curioso del caso es que, durante nuestras juergas nocturnas, la tiá Chacha, por efecto de su sordera, seguía permaneciendo en su casa acostada en su cama como si tal cosa. Su dormitorio estaba situado en una pequeña habitación a la que se accedía por una puerta que daba directamente al portal de la casa que era la estancia que servía de punto principal de reunión y juerga de los amigos de la panda.

Cierta Nochevieja estábamos la cuadrilla en el portal de la casa en plena juerga e inmersos en el punto álgido de nuestra diversión entre bailes, voces, músicas, golpes y cantares. En un momento determinado y de forma imprevista se apagó la luz. Este hecho, ocurría con frecuencia en el pueblo por la precariedad de las líneas de suministro eléctrico. La inoportunidad del apagón en fecha tan especial y con los preparativos ya realizados para pasar aquella noche tan esperada, provocó el consiguiente disgusto por parte de todos los de la cuadrilla, ya que la falta de luz acababa con nuestro desatado desenfreno. A la vista de que en la calle seguía existiendo fluido eléctrico dedujimos que el problema estaba en la elemental instalación de la propia casa, por lo que iniciamos la investigación de las posibles causas del apagón, para intentar su reparación. La luz del portal servía también para el dormitorio y estaba gobernada por una única perilla - interruptor situada en la cabecera de la cama de la anciana mujer. Al entrar en el dormitorio, la tiá Chacha nos manifestó que había sido ella misma la que había apagado la luz, porque, según nos dijo:

"Como no oía nada de ruido, pensé que ya os habíais ido"

Resultaba evidente la profunda sordera de la tiá Josefa que le impedía escuchar la música a elevado volumen, los fuertes golpes y las voces y el griterío producidos por nuestra presencia en su casa. Esto explicaba el por qué su descanso era el mismo tanto si estábamos los chicos como si no, y de ahí la permisividad para cedernos su casa. Nuestra presencia, con esa actitud de juerga desbocada y sin ningún tipo de limitación, en cualquier otra casa habitada del pueblo hubiera sido inaguantable para sus moradores y vecinos.

Gracias a la benevolencia de la tiá Chacha, la cuadrilla del autor pasaba inolvidables trasnochadas en su casa. La tiá Josefa murió cuando apenas faltaban dos meses para cumplir los cien años y ya sus familiares estaban preparándole un merecido homenaje.

Hay una conversación graciosa protagonizada por un paisano tras la muerte de la persona que había sido durante mucho tiempo la más longeva del pueblo. A la pregunta de:

¿Quién es la mujer más vieja del pueblo?

Respondió sin dudarlo:

"Ninguna; porque la más vieja se murió la semana pasada".

No se percataba que, por ley natural, en cualquier colectivo humano siempre habrá una persona que será la de más edad y otra que resultará ser la más joven del conjunto. Ocurrió lo mismo que aquel que comentaba que el vagón de tren más peligroso para viajar era el último. Un colega poco espabilado que estaba oyéndolo se apresuró de inmediato a decir:

"Pues pa qué lo ponen"

Otra versión de este chascarrillo hace referencia a que el peldaño más peligroso de una escalera es el último. Para evitar este peligro, la respuesta simplista del paisano sería la misma.

Que Dios haya premiado a la tiá Josefa, ya que, a nosotros, por nuestra inconsciencia juvenil, no se nos alcanzó en su momento haber tenido con ella algún detalle material. Creo que la compañía que suponía para esta solitaria anciana la presencia en su casa de tanta gente joven, constituía suficiente premio ya que mitigaba, de alguna manera, su soledad y era un elemento gratificante, a juzgar por la satisfacción y tolerancia mostradas.

EPÍLOGO: En algunas ocasiones las pretendidas bromas o intentos de puesta en ridículo a personas con alguna tara física se volvían en contra de los provocadores de las mismas puesto que nadie es perfecto y todos tenían algo susceptible de reproche. Sirva como ejemplo la graciosa poesía de Juan Martínez Villegas:

Dijo un tuerto a un jorobado
al que vio al romper el alba:
—Muy pronto, amiguito mío,
camina usted con la carga—.

—Temprano debe de ser,
respondió el otro con calma,
cuando tiene usted abierta
solamente una ventana—.

Para esbozar una sonrisa termino este capítulo citando una simpática anécdota de sordos del escritor Jaime Campmany en la que cuenta que:

Don José Ibáñez Martín, casado con la condesa de Marín, fue durante varios años ministro de Educación con Franco y embajador en Lisboa. Ibáñez Martín estaba sordo como una tapia. Cenaba una noche en una recepción diplomática al lado de un ilustre prelado. Habían servido la sopa, y don José se había quemado un poco los labios al llevarse la cuchara a la boca.

—¿Qué tal, don José? ¿Cómo está la señora condesa?

Y don José, traicionado por su sordera, creyó que el prelado le preguntaba por la sopa.

—Muy rica, pero demasiado calentita.

ANÉCDOTAS DE LA MUJER COJA

La esposa de uno de los últimos cabreros que hubo en Serón, llamado Regino, padecía una pronunciada cojera como consecuencia de una poliomielitis aguda, sufrida en sus años infantiles que mermaba, de forma muy acusada, su movilidad.

Esta persona era bastante inteligente, tenía un fuerte carácter y no permitía que se hiciera ninguna mención a su cojera, porque no asumía que ese defecto era fruto de la naturaleza misma y que no suponía ninguna merma intelectual, de forma que las consecuencias para la persona se traducían solamente en las propias limitaciones físicas. Por parte de los jóvenes de las cuadrillas, la mujer era objeto, a veces, de malévolas e intencionadas burlas a causa de su defecto físico, pero siempre lejos de su presencia. Esta deplorable forma de actuar era fruto de la inconsciencia propia de los años mozos. Como se ha dicho, por el carácter fuerte de esta mujer estas bromas alusivas a su persona siempre se realizaban lejos de su presencia por temor a sus duras reprimendas. Aunque el nombre de pila de la mujer era el de Marcelina, en el lenguaje coloquial y cuando no estaba presente, se la conocía como "La coja del Regino".

Cierto día uno de los chicos de la cuadrilla del autor, al hacer referencia a ella, no la denominó por su nombre, sino por "la coja del Regino", sin percatarse de que estaba cerca. La sabia naturaleza había compensado su cojera con una agudeza auditiva superior a lo normal, de manera que escuchó perfectamente lo dicho por el chaval. Inmediatamente la señora, como accionada por un resorte, se dirigió al chico y muy enfadada, exclamó dando un potente grito:

¡¡Redios, coja!!

Continuando con toda una batería de improperios dirigidos hacia el chico, quien se vio avergonzado en público por las voces y demoledora elocuencia manifestadas en el enfado de la mujer.

Verdaderamente nuestro amigo no había proferido ningún insulto contra ella, pero la reacción fue peor que si así lo hubiera hecho. Para apaciguar la situación y como justificación, nuestro colega argumentó, sin éxito, que no debería de molestarse tanto porque, era como si se considerara insulto llamar negro al rey Baltasar. La cojera de la "cabrera" era tan evidente y manifiesta como la negrura del Rey Mago, aunque la mujer nunca aceptó la explicación y continuó con sus voces.

Durante mucho tiempo la expresión: *"¡Redios,coja!"*, fue pronunciada, de forma reiterativa y sin venir a cuento, en el lenguaje coloquial por los miembros de la cuadrilla con el único objeto de malévola burla, a costa de la desgracia ajena.

Sabedores de lo mal que llevaba esta mujer el que se hiciera referencia a su defecto físico, casi todas las personas mayores del pueblo la llamaban por su nombre de pila. A alguna de estas personas también les traicionaba el subconsciente, y en más da alguna ocasión se oía identificarla por su nombre, pero remachando su defecto. De esta manera, se le llamaba *"Marcelina, la coja"* para diferenciarla de otras *"Marcelinas"* del pueblo.

A algún gracioso, sabedor de la falta de resignación con su defecto físico, en conversaciones cruzadas, pero sin dirigirse a ella, aunque observando su proximidad, se le oía tirar sutiles indirectas verbales haciendo uso, en la conversación coloquial, de refranes como aquel que dice que:

"En los andares se le nota al cojo".

O aquel otro que hace referencia a que:

"Se coge antes a un mentiroso que a un cojo".

Su propio marido, lejos de su presencia, en alguna ocasión y en alusión al defecto físico de la fuerte cojera de su esposa decía, en plan de broma:

"Cuando está sentada no se le nota nada"

A pasar de su dificultad para caminar, la referida Marcelina hacía todos los meses un recorrido por las calles del pueblo para cobrar a los vecinos poseedores de cabras la cantidad estipulada en el contrato del cabrero por su guardería diaria.

EPÍLOGO: En justa compensación por los agravios juveniles dedicados a Marcelina la cabrera, a continuación, trascribo una poesía aparecida en la revista *"Madrid cómico"* en el mes de enero de año 1881 y firmada por Miguel Palacios, en donde ponía de manifiesto la valía de una mujer a pesar de su cojera. La poesía se titulaba *¡Ay, qué pie!* y decía así:

Rita, en aquella ocasión
yo su hermosura aprecié
pero me fijé en su pie
y me causó admiración
(con el permiso de usté).

Solo quise por la peana.
adorar santo tan bello
y estaba dispuesto a ello
pero a usté no le dio gana
de que continuara "aquello".

"Aquello" era la mirada
con que estaba entretenido
el descarado Cupido,
mas, usté ruborizada,
sin duda bajó el vestido.
Y dije, la he de admirar
mi mente en todo pensó

esos pies deben bailar…
y la invité a valsear
y usted me dijo que no.

Que a una silla se apoyaba
al levantarse noté
y después vi que cojeaba
solo en eso se notaba
que andaba usted en un pie.

No me importó el desencanto
pues de esa desgracia en pos
me dije, respuesta al canto:
¡Pues con uno vale tanto,
qué sería con los dos!

También, en recuerdo y homenaje a Marcelina, me permito incluir en este capítulo, el extraordinario poema, lleno de sensibilidad, que el premio Nobel de literatura Juan Ramón Jiménez, escribió en el año 1911 y que tituló *"La cojita"*:

La niña sonríe: -¡Espera,
voy a coger la muleta!

Sol y rosas. La arboleda
movida y fresca, dardea
limpias luces verdes. Gresca
de pájaros, brisas nuevas.
La niña sonríe: —¡Espera,
voy a coger la muleta!

Un cielo de ensueño y seda
hasta el corazón se entra.
Los niños, de blanco, juegan,
chillan, sudan, llegan:
…nenaaaa!
La niña sonríe: —¡Espeeera,
voy a coger la muleta!

Saltan sus ojos. Le cuelga,
girando, falsa, la pierna.
Le duele el hombro. Jadea
contra los chopos. Se sienta.
Ríe y llora y ríe: —¡Espera,
voy a coger la muleta!

¡Mas los pájaros no esperan;
los niños no esperan! Yerra
la primavera. Es la fiesta
del que corre y del que vuela…
La niña sonríe: —¡Espera,
voy a coger la muleta!

Asimismo, trascribo, la letra de una entrañable canción compuesta por L. Postigo e interpretada, con un profundo sentimiento, por cantadores flamencos de la talla de "Manolo, el Malagueño" o Antonio Molina.

La canción lleva por título *"LA NIÑA COJITA"*:

Siempre llegaba tarde
a todas partes
y los juegos de niñas
no los comparte.

A todas partes tarde
siempre llegaba
porque sus compañeras
no la esperaban.

Pena, penita
pena, penita
que la niña no juega
porque es cojita.

A sus amigas grita
para que esperen
pero ellas con su juego
parar no quieren.

Y ella se sienta
desconsolada
porque sus amiguitas
no la esperaban.

Pena, penita,
pena, penita
que la niña no juega
porque es cojita.

No te preocupes
que soy tu amigo
y si tú vas despacio
yo voy contigo.

De la niña cojita
me he enamorado
y mientras todos juegan
yo estoy a su lado.

¡Ay! que alegría
la cojita ya tiene
su compañía.

Pena, penita,
pena, penita
que la niña no juega
porque es cojita.

Rebaño de cabras cuidadas por el cabrero en Serón

ANÉCDOTAS DEL "TIÓ ALPARGATERO"

CARACTERÍSTICAS PERSONALES: "El Alpargate-
ro", era el apodo de un hombre llamado Domingo que tenía
una personalidad aislada, muy cerrado y de carácter bronco.
Quizá su carácter estaba marcado por las circunstancias de la
vida que le había tocado llevar. Había sido capataz en obras
de reconstrucción de carreteras en diferentes partes de la España de la postguerra y, según contaba, había vivido experiencias duras y enfrentamientos personales y violentos con
algunos obreros. Relataba que, había estado sometido, en
múltiples ocasiones, a graves amenazas, por lo que tuvo que
tomar la determinación de llevar al cinto su correspondiente
revolver. Todas estas referencias por él contadas, unidas a su
propia personalidad poco simpática, le daban una imagen
de hombre de pocos amigos. Estas características personales
ayudan a imaginar las escenas descritas a continuación.

VOCABULARIO SOEZ: En el vocabulario de nuestro
protagonista abundaban las blasfemias y palabras irreveren-
tes lo que acentuaba todavía más, su imagen de persona poco
amigable.

Cierto día un grupo de personas iban por el camino
de San Roque a realizar las faenas propias de la recolección.
En un momento concreto se empezaron a oir fuertes voces
procedentes de la vega. Llegados a un determinado punto
pudieron comprobar que se trataba del tió Alpargatero que
estaba sometiendo a su viejo caballo a una severa tanda de
latigazos a la vez que profería palabrotas y blasfemias. Entre
otros apelativos, que causaron la risa entre los oyentes, le
llamaba al caballo, en voz alta a modo de insulto, palabras
tan rebuscadas como la del personaje bíblico *"Iscariote"* o alusiones con intención anticlerical como el llamar *"Jesuita"* a la
vez que le propinaba una respetable e inmisericorde paliza.

EL HUNDIMIENTO DE LA CASA DEL TIO AL-PARGATERO: Apenas había comenzado el año de 1966, cuando el hundimiento repentino de una casa habitada sobrecogió a todo el pueblo de Serón. La casa era la primera del lado de los pares de la calle de Santa Ana y en ella vivía solo, el tió Alpargatero.

El hundimiento de la casa del tió Alpargatero ocurrió hacia la media noche de un día del mes de enero cuando esta persona estaba durmiendo en su interior. A esa hora, todavía permanecían en el viejo bar que había en la primera planta de la Alhóndiga, los clientes más trasnochadores en animada charla alrededor de la estufa de serrín. De repente, en el exterior se oyó un fuerte estruendo acrecentado por el silencio de la noche. Los del bar bajaron inmediatamente a la calle para averiguar lo sucedido y se encontraron con que todo el amplio recinto de la Plaza Mayor estaba invadido por una densa nube de polvo a modo de intensa niebla que les impidió, en un primer momento, conocer lo que había pasado. La densa polvareda tardó mucho tiempo en disiparse ya que se trataba de la típica noche invernal soriana caracterizada por una calma absoluta y la ausencia total de viento, mientras estaba cayendo sobre el campo un frío y cristalino manto de escarcha. Los trasnochadores permanecieron atónitos ante la incertidumbre de lo ocurrido hasta que desde el fondo de la intensa polvareda se empezaron a escuchar gritos pidiendo auxilio. Los gritos de socorro procedían de la calle de Santa Ana por lo que se dirigieron hacia allí. Simultáneamente empezaron a levantarse los vecinos alarmados e inquietos por lo sucedido. Apenas se asomaron a la calle pudieron ver la casa totalmente aplanada y los escombros esparcidos por toda la calle.

Milagrosamente el tió Alpargatero se había salvado porque al hundirse unas maderas del tejado, habían quedado apoyadas, por un lado, sobre la pared de la cabecera y por el otro sobre el "piecero" de su vieja cama de hierro, dejando el hueco justo en el que quedó protegido su cuerpo. La imagen del hombre en el espacio que había quedado alrededor de la cama era patética. Estaba asustado y con su indumentaria de dormir, consistente en un amplio camisón y unos calzoncillos hasta los pies, llenos de polvo. Permaneció en aquel espacio hasta que pudieron rescatarlo sorteando el peligro que suponía la inestabilidad del montón de escombros y maderos porque la escalera de subida al dormitorio estaba totalmente hundida.

Llamó la atención entre las personas presentes, que este hombre, conocido por su radical anticlericalismo y vocabulario blasfemo, al verse en esa penosa situación, profiriera exclamaciones y expresiones de agradecimiento a la Virgen de la Vega por haberse salvado de la tragedia. Sin embargo, tras el rescate alguien, con objeto de animarle y en alusión a que había salido ileso, se permitió decirle:

"No se preocupe, tió Domingo, que no le ha pasado nada".

Apareció entonces su fuerte y brusco carácter y con voz alta contestó:

"¡Me cago en lo más alto! ¿aún dices que no me ha pasado nada?

¡Si no me han quedado ni siquiera cacharros!".

Se refería a los pocos utensilios de cocina y otros enseres domésticos que, efectivamente, habían quedado enterrados entre los escombros.

Fueron varios los vecinos que se ofrecieron a recoger a esta persona en su casa. Resultó gracioso el razonamiento que le hizo uno de ellos en alusión al deplorable estado de su propia casa que estaba, también, en situación casi ruinosa. Esta persona le comentó al tió Alpargatero lo siguiente:

"Domingo: si quieres, puedes venirte conmigo a mi casa, pero te advierto que, de esta te has salvado, pero de otra como esta, pudiera ser que no".

Finalmente se alojó en casa del matrimonio formado por el tió Pablo y la tiá Gregoria que eran los vecinos que vivían frente a la casa hundida y regentaban una sastrería en la que trabajaban casi todos los miembros de su numerosa familia. En la casa del tió Sastre encontró feliz cobijo Domingo, el Alpargatero, hasta que se realojó definitivamente en una vivienda de la parte alta del pueblo. Todo el vecindario colaboró en darle, cacharros de cocina, viejos muebles, enseres caseros y otros elementos para reponer su elemental ajuar doméstico que había quedado enterrado entre los escombros de la casa hundida en la calle de Santa Ana.

LA SERPIENTE: Un caso insólito de mordedura de serpiente fue la sufrida por el tio Alpargatero en el propio portal de su casa.

Había regresado este señor de realizar trabajos en el campo y se encontraba en el portal de su casa, quitando los aparejos a la caballería. En un momento, al intentar con sus manos despojar a la caballería de alguno de los componentes del aparejo, sintió una dolorosa picadura. Inmediatamente comprobó que se trataba de una culebra porque cayó al suelo y reptó inmediatamente a buscar algún escondite. El reptil venía en los propios aparejos seguramente porque había quedado allí al pasar de algún fajo de hierba que habría acarreado. El hecho de haber visto al animal puso en evidencia lo sucedido, por lo que el hombre pidió auxilio a los vecinos, quienes se ocuparon de llamar al médico para someterlo al tratamiento correspondiente. Dado el agrio carácter del tio Alpargatero, dicen los que lo atendieron que no faltaba emerger de su boca blasfemias y palabras malsonantes dedicadas a la culebra de marras.

Una frase pronunciada repetidas veces por el tío Alpargatero en aquella situación hacía referencia al porqué había sido él la persona elegida por la culebra para la picadura. En voz alta decía repetidamente lo siguiente:

¡Y picarme a mí! ¿Y porqué picarme a mí?

Alguno de los presentes molesto por la falta de resignación le comentaba si es que deseaba que la persona picada fuera otra. La frase de *"picarme a mí"* se hizo famosa entre los vecinos del pueblo y se utilizó coloquialmente durante mucho tiempo en conversaciones informales, cuando a nivel individual le ocurría algo malo a alguien y que no le pasaba a los demás.

Una vez atendido médicamente el afectado, todavía quedaba un tema muy importante pendiente para la seguridad de los vecinos y era descubrir, dentro de la casa, el escondite de la culebra ya que, apenas cayó el suelo, escapó de la vista de los presentes. Entre los vecinos se suscitó el tema de cuál era la mejor manera de dar con el reptil. Uno de ellos sugirió echar en el portal serrín, harina o ceniza y así poder seguir la huella o rastro que dejaría al reptar, lo que conduciría al escondite. Otro contaba que había escuchado, en cierta ocasión, a una persona mayor decir que a las culebras les gusta mucho la leche por lo que sugirió que se colocara un plato con leche en el centro del portal para que su olor provocara la salida de su refugio y así capturarla. Al final se decidió buscarla directamente. La labor de búsqueda del reptil fue una operación delicada por un doble motivo. Por una parte, en la casa había poca luz y su estructura era muy vieja, por tanto, había muchos huecos y rendijas que podían servir de perfectos escondites. Por otra parte, los implicados en la búsqueda tenían que actuar con sumo cuidado para no ser ellos mismos víctimas de otra picadura del reptil.

Revisada ya gran parte de la planta baja de la casa, al final la culebra fue descubierta detrás de una de las arcas situada junto a la pared en una habitación. Con la muerte del reptil venenoso llegó la tranquilidad a todo el vecindario.

En alusión al mal carácter del Alpargatero uno de los presentes recordó la poesía de Juan Martínez Villergas que dice así:

Una víbora picó
a Manuel Bretón, el tuerto.
—¿Murió Bretón? —No, por cierto,
la víbora reventó.

ANÉCDOTAS DEL TIÓ BALBINO

CONSIDERACIONES GENERALES: La persona a la que se refiere este capítulo, en los años mozos del autor, vivía con su familia en el Barrio Escobar. El autor de este libro tuvo ocasión de cruzar conversaciones con el tió Balbino en múltiples ocasiones y vivir con él experiencias y situaciones, algunas de las cuales se recogen en el presente capítulo. Las razones de esta convivencia fueron: la amistad entre las familias, las ayudas mutuas en la época de la recolección y la buena vecindad de eras que propiciaba la cesión de medios y apoyos en los trabajos, cuando era necesario en la trilla o el aventado.

Quisiera que este escrito constituya un recuerdo y homenaje a aquel hombre que, por su carácter abierto y simpático, alegraba las tertulias en las que intervenía. El tió Balbino estaba dotado de particulares características en lo relativo a su humor, ingenio y ocurrencias en situaciones relacionadas con sus convecinos. Destacaba por su fácil verbo, era un hábil conversador y tenía un gran sentido de la oportunidad en sus respuestas y razonamientos. En ocasiones, para resaltar su sentido del humor, utilizaba ciertas dosis de ironía y guasa con sus interlocutores.

CONVERSACIÓN CON LA TIA REDONDA: Cierto día, se encontró por la calle de la Lechuga con una convecina de avanzada edad apodada la tiá Redonda. Al saludarla cariñosamente le hizo la pregunta cortés de interesarse por su salud. Al momento la anciana señora empezó a contarle pormenorizadamente los achaques e innumerables dolencias que sentía en todo su cuerpo, y para concluir, a modo de resumen, le dijo la siguiente frase:

"En resumidas cuentas, Balbino, que estoy
con un pie aquí y el otro en el Manzanillo".

En Serón, el Manzanillo es un paraje próximo al pueblo donde está ubicado el cementerio municipal. A medio camino entre el pueblo y el cementerio pasa el río Nágima que se cruza por el denominado Vadillo.

Tras escuchar los lamentos de la señora y con miras de dar ánimo a aquella mujer a través de la propia charla, el tió Balbino quiso quitar trascendencia a la frase en la que la anciana hacía referencia indirecta al cementerio y le contestó, con actitud seria, lo siguiente:

"Pues, si tienes un pie aquí y el otro en el Manzanillo,
estás con el culo a remojo en el Vadillo".

La ocurrente contestación motivó las risas de la propia mujer y de todas las personas presentes, por lo que todos continuaron la conversación en términos más optimistas y alegres.

Uno de los presentes consolaba a la anciana argumentándole que:

"Nadie se muere, hasta que Dios no quiere"

y que tampoco el momento está definido, porque:

"Nadie se muere, una hora antes"

Otro vecino, en su intento de quitar trascendencia al tema de la muerte, argumentó que:

"El que se muere, se libra de lo que debe"

Naturalmente estas palabras desataron la hilaridad de los presentes y en especial la tiá Redonda que, con esta improvisada tertulia, se vio momentáneamente reconfortada de sus males, por la atención y el cariño manifestado por sus convecinos.

HOMBRE QUERIDO: Otra conversación ingeniosa que tuvo como protagonista al tió Balbino, fue la mantenida con una persona que se había casado con una chica del pueblo y que vino al mismo al poco tiempo de casarse. Empezando a conocer a los diferentes vecinos, entablaba conversaciones con ellos. El tió Balbino, en un momento de la conversación le dijo al nuevo nagimense consorte:

"A mí en el pueblo de Serón, todos me quieren"

El forastero intentó razonar con los más diversos argumentos, aduciendo que el hecho de quererlo todos, sería por ser una buena persona y una demostración de su hombría de bien reconocida por todos sus vecinos. Cuando acabó sus razonamientos volvió el tió Balbino a tomar la palabra para puntualizar lo siguiente:

"Sí, todos me quieren; pero… unos bien y otros mal"

El recién casado enseguida se percató de la ironía, captando la inteligencia de su interlocutor. Rieron de lo dicho y entablaron una buena amistad que perduró con el tiempo y cursaron muchas conversaciones informales, siempre que la casualidad les hacía coincidir en algún lugar.

FELICITACIÓN: La habilidad del tió Balbino para realizar juegos de palabras que pudieran interpretarse de diferente modo según las situaciones, era una de las características de esta persona. Esto era posible por la posesión de un amplio vocabulario y un gran dominio de la expresión hablada. Cierto día fue a dar la "enhorabuena" al padre de un muchacho que se había casado recientemente. La frase que utilizó para manifestar sus buenos deseos, en relación con la nueva persona con la que había emparentado la familia fue la de:

¡En "nuera" buena!

Como se observa, cambió intencionadamente la palabra "hora" por la de "nuera", porque, verdaderamente, lo importante para el padre del muchacho no era que fuera buena la **hora** sino la **nuera** recién incorporada a la familia.

A la madre de la muchacha, es decir, la suegra del recién casado, le aplicó con inteligente intención los dos refranes siguientes:

"¡Acuérdate suegra!, de que fuiste nuera"

"Amistad de yerno, sol de invierno"

Respecto a la relación entre suegra, hija y yerno ,el poeta Vital Aza escribió la siguiente   graciosa poesía titulada *Escena de familia"*:

–Hija, se porta tu esposo.
–Mamá, no le riñas hoy.
–¿Que no le riña? Hija mía
¡esto es horrible! ¡es atroz!
–Pero, ¡mamá!...

–Hace una hora,
que no sé con qué intención,
salió de casa Pepito.
–Algún negocio
–¡No! ¡No!
¡Pues no faltaba otra cosa!
Le espera una reprensión
de padre y muy señor mío.

¿Llaman? ¡Ahí está! ¡Mejor!
–Buenas noches.
–Buenas noches.
–¿De dónde viene usted?
–¿Yo?

Pues de ver a unos amigos
que han llegado del Ferrol.
–¿Amigos, eh?
–¡Sí, señora!
–¡Pues ya son las diez y dos
minutos! ¿Lo entiende usted?
–¡Pero!...
–¡No hay apelación!
¡A las diez en punto en casa!

–¡Pero mamá, por favor!
–Comprenda usted que..
–¡Silencio!
–¡Hay compromisos!...
–¡Chitón!
–¡Pero es que yo!
–¡Usted no es nadie!
–¡Pues bien, señora! ¡Ya estoy
cansado de sus reyertas!...
–¿Bravatas, eh?
–¡Sí, señor!
¡Es usted una cantárida!
–¡Pepito!
–¡Pepe, por Dios!
–¡Es usted peor que el tifus!
–¡Insolente! ¡Cuando yo
le sostengo hace dos meses!...
–¡Señora!
–¡Mal corazón!
¡Quítese usted de delante!
¡Marche usted!
–¡Si que me voy!
¡Basta ya de sufrimiento!
¡Basta ya de humillación!
¡Julia, vámonos al punto!
–Con Julia ¡Quia! ¡No señor!
–¡Mamá!
–¡Marche usted solito!

–¡Julia es mía!
–¡Y mía!
–¡No!
–¡Pues vendrá!
–¡Pues no se irá!
–¡Señora!
–¡Pepe!
–¡Traidor!
¡Infame! ¡Canalla!
–¡¡Suegra!!
–¡Márchese usted, o, si no!...
–¡Adiós! ¡Me pegaré un tiro!
–¡Puede usted pegarse dos!
–¡Julia!
–¡Pepito!
–¡Hasta nunca!
–¡Yo me muero!
–¡Abur!
–¡Horror!

Resultado de esta escena:
Julia se murió de pena
y Pepe se suicidó.
¡Sólo la suegra quedó
y está tan gorda y tan buena!...

LA NOVIA DE VIDA ALEGRE: Cierto día estando varias personas de charla, se comentaba sobre el noviazgo de una pareja de jóvenes, conocidos por alguno de los presentes, que vivían en un pueblo vecino. Se daba la circunstancia de que la chica había llevado una vida sentimental bastante licenciosa y procaz, lo que le había reportado una justificada mala fama en la comarca y una dudosa reputación. Para resumir finamente la situación el tió Balbino utilizó con sutileza la escueta frase siguiente:

"Fulanito, el día de la boda solo estrenó zapatos"

Los presentes rieron pícaramente la ocurrencia y los más jóvenes tardamos un tiempo en comprender y captar el significado.

LA FINCA GRANDE: En una ocasión el que suscribe estos relatos iba con el tió Balbino por el camino junto al río en la zona en que la vega del río Nágima alcanza su máxima anchura. Un paisano estaba trabajando en una finca que era muy estrecha en comparación con su longitud. En base a la geometría de la parcela, era frecuente por parte de la gente, que realizaran comentarios intrascendentes con el dueño en lo relativo a que, si esa pieza tuviera la misma dimensión de anchura que de longitud sería una gran finca por la enorme superficie que abarcaría. En base a ese concepto, al pasar junto al convecino, el tió Balbino lo saludó, como era de costumbre, y le hizo en voz alta el siguiente comentario gesticulando con los brazos:

"Si esta finca fuera igual de larga que de ancha…, ¡sería cuadrada!"

El paisano, sin prestar atención al contenido literal de la frase, interpretó que el comentario hacía alusión al efecto que sobre la extensión de la superficie de la pieza tenía el igualar las dimensiones de sus lados, como toda la gente le comentaba a menudo. Enseguida empezó a responderle con la extensión que la finca tendría si los lados fueran iguales y la hermosura de la parcela situada en terreno de vega de tan buena calidad. Tras la charla, nos despedimos y continuamos nuestro camino como, si tal cosa, hasta que ya alejados lo suficiente reímos la situación por cuanto la afirmación hecha por nuestro protagonista en su saludo era una verdad de Perogrullo, porque considerar los lados iguales era, ni más ni menos, que la definición de la figura geométrica del cuadrado, sin hacer ninguna alusión al efecto en la superficie sobre la que tanto había incidido el propietario de la parcela en la conversación.

JUEGOS DE PALABRAS: Otro uso ingenioso de juegos de palabras escuchados en cierta ocasión por este autor hacía referencia a una madre que iba con su hija. Ambas se llamaban Lucía, pero a la hija, por razón de su juventud, se la conocía con el cariñoso diminutivo de Lucy. El tió Balbino se dirigió a la madre y para resaltar la belleza de la joven en relación con ella hizo un giro de palabras, usando los nombres y los derivados de la luz, en los siguientes términos:

"Tu lucías (antes), ella lucy (luce) ahora"

Prosiguió después la conversación recordando aquel refrán que decía:

"La hermosura es flor de un día;
hoy no luce, ayer lucía"

LA COMPRA DE VINO: En el Tomo I de esta serie de libros se ha descrito cómo, antaño había una producción de vino en Serón para el autoabastecimiento de las familias que disponían de la viña correspondiente. La calidad de los caldos que se obtenían en el pueblo era bastante pobre, por esta razón, cuando se deseaba vino de mejor calidad era necesario comprarlo en pueblos próximos, situados aguas abajo del río Nágima. Se bajaba principalmente a Torlengua, por razones de proximidad, y si se deseaba todavía mejor calidad, el destino era Pozuel, ya en tierras aragonesas. Desde Serón se organizaban verdaderas caravanas de mulas cargadas con garrafones con dirección a aquellos pueblos. La bajada era muy tranquila, pero el regreso resultaba de lo más divertido, ya que el buen humor de las personas estaba acrecentado por una doble razón: En primer lugar, por la alegría que suponía el hecho de traer licor para una temporada, y por otro lado el haber bebido en las bodegas algo más vino de lo normal ya que, por costumbre, el licor consumido en el sitio lo daba el bodeguero de forma gratuita. Se ponía de manifiesto el dicho de que:

"El vino, primero desata la lengua y después la traba"

En una ocasión, el autor de este escrito tuvo ocasión de acompañar en uno de estos desplazamientos colectivos a su abuelo materno, gran amante del tinto licor. También iba en el grupo de compradores el protagonista de este capítulo, el tió Balbino que, con sus ocurrencias, sentido del humor y el hecho de ser un ingenioso conversador, hizo que el tiempo de camino entre los pueblos fuera de lo más divertido por las charlas y disertaciones donde se trataban, de forma jocosa, los temas más variopintos. Como colofón al viaje y resaltando las excelencias y calidad del vino de Pozuel, expresó la graciosa sentencia siguiente:

"El que vino a Pozuel y no bebió vino: ¿A qué coño vino?"

La expresión de: *"¡A qué coño vino!, Balbino"*, quedó acuñada como frase repetida entre los jóvenes, siendo utilizada de forma jocosa, muchas veces sin venir a cuento, en el lenguaje coloquial ordinario.

Garrafón de vino

LA TRILLA: Una de las tareas de la recolección de los cereales era la trilla. Ésta se efectuaba en la era y la faena consistía en triturar la mies, cortando la paja y desgranando las espigas. La trilla se realizaba mediante un robusto y sólido apero llamado trillo que era un amplio tablero de madera provisto de sierras metálicas y piedras cortantes de pedernal o silex. El pesado trillo era tirado por una yunta de mulas que daban múltiples vueltas alrededor de la parva formada por las espigas sueltas. La yunta era guiada por un trillador que iba montado en el trillo protegido del sol por un sombrero de paja. Los trilladores, tras un rato de faena, esperaban ser relevados por alguna otra persona para verse aliviados del calor y la monotonía del continuo girar alrededor de la parva. Sin embargo, ocurría que las personas más mayores que eran "vecinos de eras" organizaban tertulias y animadas conversaciones en el interior o a la sombra de las chozas y alargaban el periodo de relevo a los jóvenes trilladores con el consiguiente cabreo de éstos. En el caso del que esto escribe, el tió Balbino era uno de los vecinos de eras, que junto con otros vecinos de igual afición a las charlas, organizaban las improvisadas tertulias junto con su padre y su abuelo.

Faena de la trilla en la era.

VENDEDOR OCASIONAL DE FRUTA: En tiempos pasados, la abundancia y variedad de fruta que había en todas las vegas de Serón era considerable. Las frutas de verano eran más delicadas que las de temporadas más frías por cuanto se estropeaban antes, razón por la cual algunas personas laboriosas subían con alguna mula o carro cargados de peras o manzanas hacia los pueblos del Campo de Gómara, que no disponían de estos recursos, a vender la deliciosa fruta criada en la vega del río Nágima y traer a casa unos sustanciosos dineros que servían de complemento a las limitadas economías familiares. En este cometido una de las personas con mayor habilidad para la venta ambulante de la fruta por los pueblos era el tió Balbino. Por su simpatía, habilidad conversadora y poder de convencimiento era el que primero vendía la mercancía que llevaba desde Serón.

EL NOVIO: Una muchacha de un pueblo vecino, con bastantes limitaciones intelectuales, se había ido a servir a una gran ciudad y transcurrido un tiempo se *"echó novio"*. El tió Balbino, enterado del acontecimiento, al comentar el tema con otros convecinos les dijo que él conocía al novio. Extrañados los presentes le preguntaron cómo era posible que lo conociera si no había viajado a la capital. La contestación fue rotunda:

"Sí que lo conozco; porque…¡conociéndola a ella!"

Por simple deducción aplicaba aquello de:

"Tal para cual, la Pascuala con el Pascual"

Finalmente, otro, en referencia al tema sentenció con el dicho popular:

"Fulanito, se casó en Soria;
tal como es el novio,
así será la novia".

PARECIDOS FÍSICOS: En contraposición con los parecidos de carácter o de naturaleza social de las personas a los que se ha hecho referencia en el punto anterior y con ánimo de introducir una cuña alegre y desenfadada en este escrito vamos a citar, a continuación, tres divertidas poesías de otros tantos literatos españolas relativas a los parecidos físicos de las personas:

- El poeta Juan Marítnez Villergas, en la poesía titulada *"Romance histórico"*, habla de forma jocosa del parecido de un padre con su hijo:

> *En un lugar, a tres horas*
> *del papamoscas de Burgos,*
> *había un padre muy bestia*
> *que tuvo un hijo muy bruto.*
>
> *Pero los dos tan zopencos*
> *que muchas veces el vulgo,*
> *sin reparar las edades,*
> *tomó el otro por el uno.*
>
> *Tales padres tales hijos,*
> *dijo el papá al ver su fruto,*
> *que a no nacer tan mostrenco*
> *dudara que fuera suyo.*
>
> *Y en pensarlo fue dichoso;*
> *mas, yo no le alabo el gusto,*
> *porque una oveja muy clara*
> *pare un cordero muy turbio.*

-También en relación con los parecidos físicos de un padre a un hijo el escritor y político Wenceslao Ayguals de Izco (1801- 1873) escribía el siguiente poema:

Don Cornelio estaba lelo
con su idolatrado hijuelo
que enseñaba a todo el mundo
lleno de un placer profundo
y era su dicha y consuelo,
y todo el mundo decía:
¡La misma fisonomía
del padre! ¡Cosas de España!

El tal se le parecía
como un huevo a una castaña.

-Respecto a sus hijos, el poeta Ramón Rua escribió la divertida poesía siguiente:

Preguntáronle a un pintor
que hacía cuadros muy bellos:
Porqué pintando tan bien
eran sus hijos tan feos.

Él ufano contestó,
la respuesta es, según creo,
que hago los cuadros de día
y de noche los hijuelos.

EPÍLOGO: Sirvan estas letras para rendir un cariñoso recuerdo a aquella generación representada por la simpática persona del tió Balbino, que alegraba las tertulias de sus paisanos con sus graciosas ocurrencias.

ANÉCDOTAS DEL TIÓ BALTASAR

CONSIDERACIONES GENERALES: Si a través de un único adjetivo hubiera que calificar la característica principal del tió Baltasar, éste sería, sin duda, el de "incansable trabajador". El ser trabajador era unas de las mejores virtudes que adornaban a los hombres de entonces. Se afirmaba que una persona trabajadora, de una manera o de otra se ganaría la vida. En cambio, se detestaba a los holgazanes y a los que permanecían mano sobre mano sin "dar golpe". El ser holgazán era la peor carta de presentación de una persona, sobre todo, a la hora de "buscar novia". Las duras faenas del campo en aquella época exigían unos esfuerzos físicos importantes y una férrea voluntad para acometerlos. Ambas cualidades eran atesoradas y definían la personalidad del tió Baltasar, quien las transmitía además a todos los que estaban en su entorno.

ANÉCDOTAS DEL TIÓ BALTASAR CON SU HIJO: Esta persona tenía un hijo, de igual nombre, que era uno de los componentes de la cuadrilla del autor de este libro. Por esta razón, afloran a los recuerdos hechos alusivos a esta persona como consecuencia de conversaciones mantenidas con él, debido a la relación de amistad del autor con su hijo.

La preocupación de este hombre por la buena educación de su hijo era tal, que en cierta ocasión al escucharle al chico proferir, en una conversación, un pequeño e inofensivo taco, con objeto de reprender su vocabulario le increpó de inmediato con la siguiente frase:

"Me cago en el cop--, chiquito, ¡malhablao!"

La desproporción de su blasfemia con respecto al taco pronunciado por el chico era evidente. Sin embargo, había que saber interpretar que la blasfemia era pronunciaba casi sin darse cuenta, con naturalidad, de forma totalmente rutinaria y sin ánimo ofensivo ni irreverente. Pero lo que el tió Baltasar quería poner de manifiesto ante su hijo y de una forma enérgica, era la importancia de hablar sin hacer uso de palabras malsonantes aunque este criterio, por lo arraigado de la costumbre, ya no pudiera aplicárselo a sí mismo. Hay que tener en cuenta que en aquella época, las palaras malsonantes y las blasfemias formaban parte del vocabulario de la mayoría de los hombres del campo. En el argot del pueblo a las blasfemias se las conocía, también como "juramentos".

Por lo general, las ofensas proferidas con las blasfemias no tenían la intención de injuriar al símbolo religioso al que se hacía mención. Eran palabras o frases que se pronunciaban de forma mecánica y sin pensar en el significado de lo pronunciado. A veces, se trataba de expresiones que se utilizaban como una forma de desahogo ante situaciones límites de cansancio o enfado, motivadas por la dureza y penosidad de los trabajos en el campo y por el trato con los animales de labor.

Volviendo al tema de la anécdota, este autor recuerda que una persona que acompañaba al tió Baltasar y observó es diálogo le reprochó lo que le había dicho al muchacho en los siguientes términos:

"No le reprendas al chico por tan poca cosa. Muchas veces, vale más un icoño! bien dicho, que un Padrenuestro mal "rezao".

Una cuarteta leida recienemente por este autor justifica el uso, en determinadas situaciones de inofensivos tacos o palabras malsonantes. La cuarteta dice así:

*"Controlar las emociones
es de buena educación,
aunque a veces, con razón,
haya que decir "-ojones".*

En relación con la forma impropia de hablar en el sentido de la pronunciación excesiva de tacos, había una frase o chascarrillo en el que una persona, pretendidamente culta, reprochaba a otra su vocabulario soez, en estos términos:

¡Habla bien, "coño", que no cuesta un pijo, y se queda uno cojonudamente!.

LA MADRUGADA: En ocasiones el afán e ímpetu trabajador del tió Baltasar alcanzaba límites exagerados como fue el caso que se relata a continuación: Era la época de la siega cuando esta labor se realizaba penosamente a mano mediante el uso de la hoz, con el cuerpo encorvado, cortando las espigas manojo a manojo y a lo largo de las interminables y calurosas jornadas estivales. En uno de esos días, el autor de este libro iba, muy de madrugada, a acarrear hacia el lejano paraje conocido como *"La hoya del Torero"*. La tarea de acarrear consistía en transportar la mies de cereal a lomos de caballerías desde las fincas a las eras para allí ser, primero, trillada y después, aventada y acribada para obtener el grano limpio y separado de la paja.

Empezaba a clarear el día, cuando en un momento determinado, a lo lejos, al fondo de la estrecha senda que discurre hoyo arriba, se vislumbraron las siluetas de unas caballerías. Llegado al lugar descubrimos la presencia del amigo el Baltasar con su padre, ambos parados y en actitud de espera. Tras los saludos de rigor, el joven explicó, enfadado, su presencia allí en esa situación de inactividad. Contó que su padre, tras un primer sueño y sin regirse por reloj alguno, despertó sobresaltado pensando que era mucho más tarde de la hora real. Levantó a su hijo de la cama de forma apresurada y salieron inmediatamente del pueblo para aprovechar al completo, las frescas horas matutinas. Tras más de una hora de camino, llegaron a la pieza siendo todavía noche cerrada y por tanto sin visibilidad para comenzar el trabajo. Por culpa del excesivo madrugón tuvieron que esperar durante largo rato, resguardados del frescor de la madrugada en una "covatilla" próxima al camino. Comentaban que, la espera se les hizo tan larga y fue tan prolongada, que parecía como si nunca llegara a amanecer. El cabreo manifestado por el joven hijo era mayúsculo, por haber visto truncado su placentero sueño sin aprovechamiento alguno, a causa de las inquietantes prisas de su padre en su afán de anteponer la obligación del trabajo a cualquier forma de relajación en una época tan importante para los labradores como era la recolección de la cosecha.

LA SIEGA DEL ESPLIEGO: Una situación similar fue la vivida con ocasión de ir a segar espliego, pero en aquella circunstancia, el madrugón estaba justificado. En el capítulo de uno de los libros de esta serie dedicado al espliego, se dice que había una ley no escrita, pero rigurosamente respetada y cumplida por todos, que consistía en que, cuando una persona accedía por primera vez a una zona con abundancia de matas de espliego, lo que se conocía con el nombre de "tajo", se le respetaba por los demás y nadie osaba entrar en ese espacio.

Un año, al comenzar la campaña del espliego, el tió Baltasar haciendo uso de sus dotes de gran trabajador acompañado por su hijo y con ánimo de llegar los primeros a un buen tajo que tenía visto de antemano, iniciaron muy temprano, el camino hacia el mismo. Al igual que lo que les pasó el día de la madrugada de la Hoya del Torero, llegados al punto tuvieron que esperar a que se hiciera de día para comenzar la labor de siega. Sin embargo, en aquel caso, el madrugón estaba justificado en razón a llegar los primeros y, por tanto, coger para sí los derechos de segar aquel tajo en el que abundaban las matas del preciado vegetal. Apenas empezó a clarear el día su sorpresa fue grande cuando a medida que desaparecía la oscuridad se apreciaba al otro lado del hechizal donde estaba el tajo, la silueta de una caballería y alguna persona, también en actitud de espera a que amaneciera. Lo ocurrido fue que la otra familia había pensado y actuado de la misma manera, pero habían accedió al tajo por el otro extremo, por lo que no se vieron ni escucharon hasta que amaneció. En aquella ocasión, ante la duda de quien había sido el primero en llegar, optaron amistosamente por un reparto equitativo del tajo. Comenzaron el trabajo cada uno por un lado y dada la abundancia y frondosidad de las matas de espliego el resultado fue que ambas familias completaron en ese lugar y en poco tiempo la carga que eran capaces de transportar las respectivas caballerías hasta la destilería formada por las calderas situadas en la orilla del pueblo.

ANÉCDOTAS DE LA MILI: Una graciosa anécdota contada a los chicos de la cuadrilla por el tió Baltasar hacía referencia a los tiempos en que realizó el servicio militar en el norte de África y más concretamente en la ciudad de Melilla. Nos relató que cierto día salió del cuartel con unos amigos y, como habían hecho otras veces, robaron del corral de un moro unos pollos para después guisarlos y comérselos entre todos los participantes en la fechoría. La casualidad hizo que el moro descubriera a los rateros sin poder cogerlos, pero averiguando que se trataba de soldados del destacamento. Nuestro paisano tenía un defecto físico en los ojos conocido médicamente como estrabismo y vulgarmente como ser "bizco". El moro acudió a quejarse al capitán de la compañía, dándole la información de que uno de los participantes en el robo de los pollos tenía "la vista cruzada" por lo que podría identificarlo fácilmente a través de este defecto. El capitán, velando por el mantenimiento de las buenas relaciones entre españoles y marroquíes, prometió al moro que los responsables serían castigados de una manera ejemplar. Con objeto de proceder a la identificación, el capitán mandó formar a la compañía y junto con el moro fueron pasando revista fijándose sobre todo en la mirada de cada uno de los soldados. El sarraceno no logró identificar a nuestro paisano porque con un esfuerzo sobrehumano realizado con sus músculos oculares, consiguió "enderezar" la vista mientras era inspeccionado por el capitán y el moro. En aquella ocasión logró forzar la mirada de forma tal, que consiguió poner paralelos los rayos visuales mientras duró la revista. Rememorando aquella situación, el tió Baltasar aseguró a todos los que escuchábamos aquel relato que:

"Nunca en mi vida he mirado tan derecho"

Todos los presentes rieron lo descrito, al imaginar la situación real en la formación del patio del cuartel y al ver el esfuerzo que realizaba el tió Baltasar, intentando enderezar su mirada, mientras rememoraba lo descrito en la anécdota.

De sus andanzas con los compañeros de mili en tierras africanas también contaba que en una marcha se cruzaron con un rebaño de ovejas y en un descuido del pastor cogieron un cordero. Lo sacrificaron por asfixia y escondido bajo el capote de campaña lo trasladaron hasta el cuartel. El peso del animal unido a toda la indumentaria militar era tal, que para el trasporte tuvieron que relevarse entre varios soldados. Con la complicidad del cantinero prepararon una suculenta merienda para paliar, en parte, la precariedad del rancho. También mencionaba las sisas continuas en la ración de pienso asignada a los mulos. Convertido este pienso en dinero por su venta a los moros. Lo recaudado lo destinaban, también, a complemento alimenticio.

El tio Nicanor, el tio Teófilo y el tio Baltasar
con sus garrotas respectivas

EL VAREADOR DE COLCHONES

EL ÚLTIMO VAREADOR DE COLCHONES EN SERÓN: La última persona que ejerció en Serón el oficio de vareador de colchones estaba ya bastante entrada en edad cuando el autor de este libro era todavía un muchacho. Se trataba de un hombre amante de la conversación, ocurrente, ingenioso y muy querido en el pueblo. Se le conocía con el curioso mote de "el tió Tocatrés". El verdadero nombre de esta persona era Vicente, aunque casi siempre se le nombraba por el apodo sin que él se lo tomara a malas.

LOS COCHONES DE LANA: Todos los colchones de la época estaban hechos de la lana procedente de las propias ovejas criadas en el pueblo. El poder de aislamiento térmico de la lana hizo que muchos de nuestros mayores se resistieran a aceptar los nuevos modelos de colchones de muelles que iban trayendo los tiempos modernos por argumentar, no sin razón, que los colchones de lana eran más *"abrigos"* y, por tanto, más adecuados para los largos y fríos inviernos de la tierra soriana.

Si bien los colchones de lana tenían la gran ventaja de su eficacia contra el frío, presentaban el inconveniente de que se aplastaban por el peso de los cuerpos y la lana se apelmazaba con el uso, perdiendo cualidades en cuanto a comodidad y confort. Para recuperar estas características, ahuecarlos, quitarles el polvo y evitar que les entrara la larva de la polilla, se procedía a lo que se llamaba *"varear"* o *"apalear"* los colchones. El oficio de las personas que se dedicaban a estos menesteres se conocía con el nombre de *"vareador"*, en razón a la elemental herramienta que utilizaba para llevar a cabo su labor y que era, junto a una aguja especial, una vara de madera de fresno o mimbre de un metro y medio de longitud aproximadamente.

VAREADO DE COLCHONES: La operación de varear los colchones consistía primeramente en descoser la funda en todo el perímetro del colchón y extraer la lana de su interior. La funda era lavada por la dueña mientras que el colchonero procedía a apalear el montón de lana con la vara para quitarle el polvo acumulado y desapelmazarla. Tras ahuecar el montón se procedía al vareo de porciones más pequeñas hasta que quedaban mullidas y esponjosas y se iban distribuyendo sobre la funda lavada tendida en el suelo. La operación de rehacer el colchón concluía con el cosido de los laterales de la funda y la puesta en puntos intermedios de unas trencillas de cinta de algodón blanco que servían para sujetar la lana y evitar su corrimiento. Para esa operación se hacía uso de una aguja de gran tamaño llamada "colchonera".

LAS BROMAS DE LOS CHICOS: Al apalear la lana con la vara, se produce un silbido motivado por el corte del aire a causa del veloz recorrido de la vara en su trayectoria. A este silbido natural de la vara en su recorrido al cortar el aire, el tió Tocatrés añadía, de forma inconsciente y rutinaria, otro silbido más fuerte que producía con su boca totalmente sincronizado con los movimientos de la vara. Esto producía el efecto de un mayor ímpetu e intensidad en la fuerza del vareo. Los chicos de la escuela, sabedores de esta costumbre, buscaban la casa o el lugar donde esta persona estaba vareando y desde la puerta, para hacerse oír, aunque lejos de su alcance, le hacían la burla profiriendo, también, silbidos acompasados con los movimientos de la vara. Apenas se percataba el tió Tocatrés de la presencia de los chicos haciéndole la burla, dirigía su mirada hacia ellos, haciendo movimientos amenazadores con su vara. Esta actitud preocupaba muy poco a los chicos que eran sabedores de su buen corazón y aceptación de estas pequeñas bromas de la chiquillería. Alguna vez les hacía correr y dispersarse por las calles, al hacer amago de salir persiguiéndonos "vara en ristre". Las mermadas cualidades físicas motivadas por su avanzada edad tranquilizaban a los muchachos en el sentido de que tenían la certeza de que nunca podría alcanzarlos.

EL TIO TOCATRÉS Y EL VINO: En la casa donde iba a varear colchones, era costumbre obligada, que la dueña sacase al vareador la bota de vino y una botella de anís para aportarle calorías y mitigar su esfuerzo físico. La ingesta progresiva del dulce licor hacía que, a medida que pasaba el día, su facilidad conversadora se viera incrementada y propiciara el que contara chascarrillos o anécdotas que hacían las delicias de los presentes. A veces la gracia estaba, más que en el argumento o contenido de lo relatado, en la gesticulación y manera de contarlo.

Lo mismo que mucha gente mayor de la época, el tió Vicente era un amante del vino y los licores que degustaba con absoluto placer. Para justificar su afición a la bebida, a estas personas le eran de aplicación los versos del ilustre soriano Nicolás Rabal en una de sus comedias inéditas *("Los artesanos")* recopilada por el profesor y filólogo Paulino García de Andrés:

> *Canten otros al amor*
> *con más o con menos tino,*
> *yo canto, que es aún mejor,*
> *las excelencias del vino.*
>
> *Mucho el vino puede hacer:*
> *hace al cobarde esforzado,*
> *y al más melancolizado*
> *le da ratos de placer.*
>
> *No me atreveré a jurar*
> *que infunde a todos la ciencia,*
> *mas bien puedo asegurar*
> *que inspira mucha elocuencia.*

Un sabio doctor opina,
como yo también opino,
que una botella de vino
es la mejor medicina.

Afirmar yo no podré
que cure todo mal físico,
pero sí aseguraré
que es un buen específico.

Muchas botellas y llenas
tenga en mi casa contino,
que en sendos tragos de vino
se ahogan todas las penas.

En ocasiones el tió Vicente tomaba cantidades de licor quizá de forma excesiva, lo que producía que se animara en las conversaciones, sin llegar a perder las formas, aunque a veces, sus andares adolecieran de cierto tambaleo. En este sentido valga recordar la siguiente poesía:

Sopa en vino no emborracha,
litro y medio no es beber,
no sé qué coño me pasa,
que no me valgo tener

Con relación a buenos bebedores cabe citar dos poesías de Juan Martínez Villergas:

"Con un trago que bebió
un hombre se emborrachó
mas yo la causa adivino
y es que de un trago apuró
media cántara de vino"

Acerca de un mendigo bebedor el poeta satírico indicado escribió el siguiente poema:

> Di a un pobre, que es lo común
> de calderilla un puñado
> y gritaba: "no he sacado
> para un panecillo aún"
>
> Pues que ¿no basta ese cobre,
> dije, para un panecillo?
> Es que esto, repuso el pobre,
> es para echarme un cuartillo.

LAS VISITAS A LAS BODEGAS: El gusto por el vino y los licores no era solo patrimonio del tió Tocatrés, era común en gran parte de la gente mayor de la época. En las tardes de los días festivos algunos grupos de amigos formados por personas mayores, se reunían en tertulia en las bodegas para conversar y hacer circular la bota de mano en mano. El autor recuerda la imagen de un grupo de ancianos amigos, entre los que estaba el tió Tocatrés, que, en las tardes de los días festivos, pasaban alegremente por la "Puerta de las eras" para visitar las bodegas que tenían en sus respectivas chozas. Desde el momento en que se iban encontrando para formar el grupo comenzaban las bromas entre ellos jugando a acertar lo que todos sabían. En este sentido, un diálogo escuchado por este autor decía así:

> —¿A que no aciertas a donde voy?
> Al huerto
> —¡No!
> Al rosario
> —¡No!
> Al baile
> —¡No...!
> A la bodeguilla
> —¡Siii...! Ahora lo has acertado.

Tras este diálogo, los amigos juntos se dirigían a hacer el recorrido por las bodegas. El camino de ida lo realizaban con una marcha normal, pero a la vuelta, la alegría desbordada, el tono de voz elevado, la falta de articulación correcta de las palabras y algún que otro tropezón y zigzag en el andar, ponían de manifiesto los efectos del licor ingerido.

Alguna de estas personas se apoyaba en una garrota para ayudarse a caminar y se escudaban en el refranero para encontrar justificación a su forma de proceder, argumentando que:

"A misa no voy porque estoy cojo, pero a la bodega,
poquito a poco"

Asimismo, la razón que daban nuestros paisanos para justificar las continuas visitas a las bodegas era que:

"Al vino y al niño hay que cuidarlos con cariño"

También argumentaban que:

"El vino añejo es leche para el viejo"

En cierta ocasión, y de camino hacia la bodega, uno de los amigos le dijo a otro:

Hay que ver Vicente ¡Cuánto te gusta el vino!

Dado que el gusto por el preciado licor era prácticamente igual de intenso para todos los componentes del grupo de amigos, el interrogado le contestó:

¡Me cago en Satanás! ¿Acaso tú lo escupes, o qué?

A continuación, le acusó a su amigo de beber más que él, recriminándole que:

"Si hasta con la ensalada bebes vino, ¡qué será con el tocino!" .

El vino producido en Serón no era de buena calidad quizá por las características del terreno y las circunstancias climáticas; sin embargo, nuestros antepasados tenían la garantía de su pureza en cuanto a no estar adulterado con agua añadida. En este sentido viene a cuento la poesía de Juan Martínez Villergas que dice así:

Al borracho Ceferino
dije un día: "Cosa fuerte
que hayas estado a la muerte
por un atracón de vino".

Y él, encontrándolo extraño,
gritó: ¡El vino…! Que tontería
¡el agua que en él había
fue lo que a mí me hizo daño!

LA BOTELLA EQUIVOCADA: La afición al licor del tió Tocatrés le jugó, en cierta ocasión, una mala pasada. Había ido, como era habitual, a varear colchones a la casa del guarnicionero situada en la Plaza Mayor. La dueña se ausentó de la casa para realizar compras sin haberle dejado a la vista la botella de anís. Ante la tardanza en regresar, el vareador ya sediento, se puso a mirar por los armarios para intentar encontrar la deseada botella de licor. Enseguida descubrió la clásica botella de anís inconfundible por el cristal transparente y por el dibujo en relieve a base de piquitos piramidales alineados. Con cierta ansia por la espera, quitó el tapón y bebió directamente de la misma. Inmediatamente una ráfaga de fuego atravesó su boca, esófago y estómago. Pidió auxilio a los vecinos quienes lo llevaron ante el médico que procedió a un rápido y continuado lavado de estómago para mitigar las quemaduras internas y los profundos y dolorosos ardores.

La botella que había cogido correspondía efectivamente a un envase de anís, pero su contenido no era el de ese dulce licor, sino que se trataba de lejía usada para el blanqueado de la ropa en las operaciones de lavado. Hay que tener en cuenta que, en aquella época, se estaba aún lejos de los productos envasados y casi todo se vendía a granel. Como contenedor o envase de los productos adquiridos, se utilizaba cualquier recipiente que se considerara adecuado, aunque el contenido fuera distinto del original. Esta fatal experiencia no logró hacer perder al tió Tocatrés su afición por los licores, aunque seguro que, desde entonces, antes de beber comprobaba con cuidado el contenido de las botellas que le ofrecían en las diferentes casas.

ANÉCDOTA DEL SEMINARISTA BRUTO: Cuando el tió Tocatrés se encontraba en la calle con los chicos procedentes de la escuela con sus carteras a la espalda, solía preguntarles "si romperían muchos púlpitos cuando fueran mayores". Los chicos ignoraban lo que quería decirles, hasta que un día, en el descanso de un vareo de colchones ante varios chicos y personas mayores y tras un reconfortable trago de anís, contó la siguiente anécdota, en versión suya, donde explicó el significado de la frase relativa a lo que le había ocurrido a un clérigo que rompió púlpitos:

Una familia de un pueblo decidió mandar al seminario a uno de los hijos para que estudiara la carrera sacerdotal. El muchacho era bastante torpe y hasta su propia madre dudaba de que pudiera sacar adelante los estudios. Como muestra de la desconfianza y en sentido figurado muchas veces la madre le repetía con insistencia al chico que "no rompería muchos púlpitos". Esta afirmación la hacía, intuyendo que, por su torpeza manifiesta, no podría acabar los estudios eclesiásticos, por lo que no tendría la oportunidad de celebrar misa y, por tanto, no llegaría nunca a hacer uso del púlpito desde donde pronunciar sermones. A pesar de las premoniciones de la madre, el muchacho acabó inexplicablemente por ordenarse sacerdote, aunque como veremos más adelante, con escasos conocimientos para el desempeño de sus labores doctrinales.

A la ceremonia de celebración de la primera misa de un sacerdote recién ordenado, se le llamaba "cantar misa", y constituía una auténtica fiesta, sobre todo si se celebraba en el pueblo de donde era natural con asistencia de toda su familia y vecinos. El cante de misa del cura que relatamos, se celebró en su pueblo natal y acudió todo el vecindario con la curiosidad e intriga de ver cómo se desenvolvía el recién ordenado clérigo, que tan poco prometía intelectualmente en sus años escolares. La expectación de la gente, se centró fundamentalmente en el sermón para comprobar de manera directa, su oratoria y escuchar cómo se explicaba el que fuera uno de los más torpes de la escuela del pueblo, antes de partir para el seminario.

Subido al púlpito el misacantano, comenzó su homilía con la siguiente frase:

"San Juan estaba en la Apocalipsis,
y la Apocalipsis estaba en San Juan"

Sorprendidos por este comienzo, se miraron unos a otros los convecinos haciendo gestos de admiración por las palabras utilizadas por el predicador y, cuyo significado, a ellos les resultaba incomprensible. Todos se mostraban incrédulos ante el progreso intelectual que manifestaba la frase pronunciada por el paisano y que nunca hubieran imaginado a juzgar por su conocida torpeza en los años infantiles. En esta situación de admiración, prosiguieron escuchando al recién ordenado que volvió a decir:

"Porque, San Juan estaba en la Apocalipsis,
y la Apocalipsis estaba en San Juan"

Por tercera vez el cura volvió, de nuevo, con lo de que *"San Juan estaba en la Apocalipsis..."* y así una cuarta vez, por lo que la gente empezó a inquietarse y mostrarse expectante ante tanta repetición sin continuar con nuevos argumentos.

La madre del predicador que se había colocado junto al púlpito le dijo en voz baja:

¡Hijo mío! Continúa con otra cosa; dí algo diferente.

Ante la insistencia de la madre, el nuevo cura se dirigió a ella y le dijo:

"También decía usted, madre, que no rompería ningún púlpito: ¡Ahora verá!"

Y levantándose la sotana, sacó de debajo un enorme mazo y empezó a dar golpes al púlpito con ánimo de romperlo. De esta manera quiso demostrar a su madre que no tenía razón en sus pronósticos cuando era pequeño. Al final, no rompió el púlpito, pero quedó en evidencia que, a pesar de su estancia en el seminario, seguía siendo igual de torpe y bruto que cuando salió del pueblo, siendo incapaz de ir en el sermón más allá de la primera y rimbombante frase. Algo parecido cita el poeta R. J. Crespo en la poesía que dice así:

> *¿Qué es eternidad?, decía*
> *un cura, que predicaba,*
> *las ideas farfullaba,*
> *y las cosas repetía.*
>
> *¿Qué es eternidad?, gritando*
> *cinco veces preguntó,*
> *y una mujer respondió:*
> *¡Nuestro cura predicando!*

Conociendo ya la historia del predicador, supieron los chicos el mensaje que les quería transmitir el tió Vicente, relativo a la necesidad de aplicación en los estudios para no hacer lo mismo que el cura que llegó a romper el púlpito, a pesar de los presagios de su madre. La gracia del relato estaba, no tanto en el argumento, sino en lo ceremonioso del tió Tocatrés al contarlo y en la, tantas veces repetida, palabra Apocalipsis, cuyo significado ignoraba, y que la pronunciaba como *"Apocaliesis"* o algo parecido, haciendo reír a todos los oyentes.

A propósito de cantar misa, en Serón se celebró, también, una ceremonia de este tipo el día 19 de junio de 1953. Hubo una gran fiesta, primero religiosa y después de invitación a una comida en casa de los padres del celebrante. La celebración de la ceremonia religiosa y el banquete se asemejaba, prácticamente, a una boda. El misacantano de Serón era el hijo de un sacristán que ejercía en el pueblo llamado Primo Rello. Esta persona malvivía con el oficio de sacristán al que tenía que complementar con otras ocupaciones tan diferentes y variadas como la de relojero, barbero, organista, campanero etc. Fiel reflejo de la mala situación económica de estos multiempleados era el refrán que decía aquello de que:

"Hombre de muchos oficios, pobre seguro".

EL BRINDIS: Otra anécdota atribuida al tió Vicente era su forma "religiosa" de brindar cuando bebían vino los grupos de amigos. Puestos en pie, con los vasos en la mano y antes de beber todos juntos, el tió Tocatrés, con actitud ceremoniosa, recitaba las siguientes frases haciendo hincapié en la palabra *vino* (nombre y verbo) repetida con insistencia intencionada:

"Y vino el arcángel Gabriel,
y vino de madrugada,
y vino para anunciar
que venía el Dios di-vino,
y vino por nuestras culpas,
y por nuestras culpas,...¡vino!"

LA ESTAQUILLA: Estando vareando en casa de la abuela materna del autor de este libro, llamada Victoria, en un momento determinado la llamó a voces, haciéndole insistentemente la siguiente petición:

¡Victoria, Victoria!: tráeme una estaquilla.

Se extrañó la abuela de semejante petición, no llegando a alcanzar la utilización que iba a dar a la referida estaquilla porque no era necesaria para el normal desempeño del trabajo de vareo de colchones. Ante tal extrañeza, el tió Tocatrés se apresuró a indicarle el deseado pero imposible uso que hubiera querido dar a la estaquilla. Se trataba, hipotéticamente, de adosar y fijar la estaca a su espalda para conseguir mantener recta la columna vertebral, logrando corregir la inexorable curvatura impuesta por el paso de los años. Esta conversación sirvió a la abuela Victoria y al tió Tocatrés para hacer una reflexión sobre las secuelas que el paso del tiempo va dejando en las personas frente a las cuales no hay remedios, aunque puedan ocurrirse soluciones teóricas tan simples como la de la estaquilla. La aceptación con resignación y buen humor de esta ley de vida es lo que, haciendo uso de su sabiduría popular, quería transmitir con ingenio el último vareador de colchones de Serón.

EPÍLOGO: El tió Tocatrés continuaba con el oficio de vareador a pesar de ser bastante mayor. Resultaba típica la imagen de su persona caminando por las calles de Serón, con la chaqueta sobre un hombro, amplia faja negra, la espalda muy encorvada por los años y provisto de la larga vara que constituía, junto con la aguja colchonera, la elemental dotación de herramientas de trabajo para ejercer su ya extinguida profesión. A pesar de los años, nunca perdió el buen humor.

Debido a los achaques propios de su avanzada edad, el último vareador de colchones de Serón marchó con sus familiares a tierras de Calatayud donde acabaron sus días.

EL VITORIANO

CARACTERÍSTICAS PERSONALES: Aunque el nombre verdadero de este nagimense era el de Victoriano todos en el pueblo lo conocían como "Vitoriano", ignorando la existencia de la letra "c" en su nombre de pila. Se trataba de un personaje muy entrañable, trabajador e inteligente. Una habilidad destacada del Vitoriano era la de recitar y confeccionar poesías. El mérito de las composiciones poéticas no hay que buscarlo en su ortodoxia literaria, sino en el hecho de ser alusivas a temas o acontecimientos relacionados con la vida en el pueblo en aquella época. Por lo general, se mostraba siempre muy reacio a recitar sus poesías en público y sólo lo hacía en muy contadas ocasiones o situaciones especiales después de hacerse mucho de rogar. A diferencia del otro poeta que había en el pueblo en aquella época, el tío Maroto, el Vitoriano era una persona joven cuando el autor de este libro era un adolescente. Otra característica del Vitoriano era la forma graciosa de narrar y describir en prosa situaciones o vivencias personales que le acontecían en el desarrollo de la actividad diaria.

LA YUNTA DE VACAS: La familia del Vitoriano disponía de un par de vacas de labranza cuando ya en casi todo el resto de las casas del pueblo, se utilizaban caballerías como animales de tracción. A los más chicos les resultaba chocante ver estos animales tirando de una vieja y pesada carreta y les imponía respeto la presencia de estos grandes astados con amplia cornamenta, aunque resultaban inofensivos. Una imagen típica del Vitoriano era verlo con una vara larga dotada de un pincho en un extremo, guiando las vacas tirando de la carreta, pero a una distancia considerable de las mismas como si estuviera distraído y ajeno a lo que estaba haciendo. Debido a esto, en más de alguna ocasión, al volver la cabeza comprobó que las vacas, al ir por libre, habían provocado el vuelco de la carreta, como consecuencia de caer una de las ruedas en los innumerables regueros que las lluvias formaban en los irregulares caminos de entonces. Por su facilidad de palabra, potencia de voz y forma de contar las cosas, resultaba muy gracioso escuchar la descripción de vuelcos de la carreta u otras situaciones ocurridas en el desarrollo de las faenas del campo.

LA TINAJA DEL MONTE: En cierta ocasión estando en el monte haciendo un tipo de carbón vegetal fino denominado "cisco", al trasladar con la carreta de vacas leña a la carbonera y por circunstancias que no vienen al caso, la carreta volcó con tan mala fortuna, que cayó encima de una tinaja, y al romperla, se vertió del agua que servía para beber y para su uso en las tareas de la elaboración artesanal del carbón. La descripción de la escena hecha por el propio Vitoriano era una continua carcajada, pues establecía un monólogo con las vacas y acababa diciendo:

> *¡También fue casualidad que, con las seis mil hectáreas que tiene el término de Serón, al volcar la carreta fuera a parar justamente al punto donde estaba la única tinaja que había en todo el monte!*

EL VUELCO DE LA CARRETA EN LAS ERAS: En otra ocasión al entrar con la carreta cargada de mies por la Puerta de las Eras, sufrió un vuelco debido a la altura y volumen de la carga impulsada por la caída a un desnivel de una de las ruedas. Era la época de la trilla y todas las eras estaban llenas de gente por lo que fue visto por muchas personas que enseguida acudieron a prestarle ayuda. Las voces que profería, los dichos más disparatados e ingeniosos dirigidos a las vacas junto con las más originales blasfemias que se le ocurrieron ante esta situación, fueron motivo para que toda la gente, empezando por el propio Vitoriano olvidara el disgusto recogieran, entre todos, la carga y, a pesar del accidente, pasaran un rato divertido con las ocurrencias de esta persona. Cuando alguna persona curiosa le preguntó la forma de cómo había ocurrido un vuelco, éste contestó con ironía, que la causa fue: "porque la rueda había pisado una raspa de cebada tardía". Téngase presente que la raspa de cebada es un elemento tan minúsculo y frágil que se parte con la simple presión ejercida con la uña.

RECITADOR DE FÁBULAS: Algunas de las poesías que recitaba el Vitoriano procedían de poetas clásicos como Lope de Vega o eran fábulas de autores como Iriarte y Samaniego que eran enseñadas por los maestros en la escuela por ser ejemplarizantes y educativas. Muchos de los chicos las aprendían de memoria y su recuerdo ha perdurado hasta bien mayores. El Vitoriano, las memorizaba todas, aunque tuvieran un elevado número de versos. Posteriormente, gracias a su portentosa memoria, las recitaba completas de forma graciosa, y elocuente, entornando los ojos y acompañadas de las gesticulaciones más variadas.

Lope de Vega es el autor de la poesía *"Los ratones"* recitada por nuestro paisano:

> *Juntáronse los ratones*
> *para librarse del gato;*
> *y después de largo rato*
> *de disputas y opiniones,*
> *dijeron que acertarían*
> *en ponerle un cascabel,*
> *que andando el gato con él,*
> *librarse mejor podrían.*
>
> *Salió un ratón barbicano,*
> *colilargo, hociquirromo*
> *y encrespando el grueso lomo,*
> *dijo al senado romano,*
> *después de hablar culto un rato:*
> *—¿Quién de todos ha de ser*
> *el que se atreva a poner*
> *ese cascabel al gato?*

Otras de las poesías eran las siguientes fábulas de Samaniego. La primera que voy a transcribir era la titulada *"El sombrerero"* que trata del muchacho que tenía este oficio y se fue a confesar a un fraile franciscano:

A los pies de un devoto franciscano
acudió un penitente: —Diga hermano,
¿qué oficio tiene? —Padre, sombrerero.
—¿Y qué estado? —Soltero.
—¿Y cual es su pecado dominante?
—Visitar a una moza. —¿Con frecuencia?
—Padre mío, bastante.
—¿Cada mes? —Mucho más. —¿Cada semana?
—Aun todavía más. —¿La cuotidiana?
—Hago dos mil propósitos sinceros...
—Pero dígame hermano, claramente:
¿Dos veces al día? —Justamente
—¿Pues cuando diablos hace los sombreros?

La siguiente fábula de Samaniego era la titulada *"Las moscas"*:

A un panal de rica miel
dos mil moscas acudieron,
que por golosas murieron
presas de patas en él.
Otras dentro de un pastel
enterró su golosina.

Así, si bien se examina,
los humanos corazones
perecen en las prisiones
del vicio que los domina.

Otras poesías eran las dos fábulas siguientes del fabulista Tomás de Iriarte:

LOS DOS CONEJOS

Por entre unas matas,
seguido de perros,
no diré corría,
volaba un conejo.

De su madriguera
salió un compañero
y le dijo: «Tente,
amigo, ¿qué es esto?»

«¿Qué ha de ser?», responde;
«sin aliento llego…;
dos pícaros galgos
me vienen siguiendo».

«Sí», replica el otro,
«por allí los veo,
pero no son galgos».
«¿Pues qué son?» «Podencos.»

«¿Qué? ¿podencos dices?
Sí, como mi abuelo.
Galgos y muy galgos;
bien vistos los tengo.»

«Son podencos, vaya,
que no entiendes de eso.»
«Son galgos, te digo.»
«Digo que podencos.»

En esta disputa
llegando los perros,
pillan descuidados
a mis dos conejos.

Los que por cuestiones
de poco momento
dejan lo que importa,
llévense este ejemplo.

EL BURRO FLAUTISTA

Esta fabulilla,
salga bien, ó mal,
me ha ocurrido ahora
por casualidad.

Cerca de unos prados
que hay en mi lugar,
pasaba un borrico
por casualidad.

Una flauta en ellos
halló, que un zagal
se dejó olvidada
por casualidad.

Acercóse a olerla
el dicho animal,
y dio un resoplido
por casualidad.

En la flauta el aire
se hubo de colar;
y sonó la flauta
por casualidad.

¡Oh! dijo el borrico:
¡qué bien sé tocar!
¡Y dirán que es mala
la música asnal!

Sin reglas del arte,
borriquitos hay
que una vez aciertan
por casualidad.

Otra poesía de las recitadas por el Vitoriano era la del poeta Juan Bautista Arriaza titulada *"El ruiseñor, el canario y el buey"*:

Junto a un negro buey cantaban
un ruiseñor y un canario,
y en lo gracioso y lo vario
iguales los dos quedaban.

"Decide la cuestión tú",
dijo al buey el ruiseñor;
y metiéndose a censor
habló el buey, y dijo: ¡Mu…!.

Del autor Miguel Agustín Príncipe es la poesía *"El burro y la peña"* recitada por nuestro paisano:

De un monte en el recodo
rodar amenazaba una gran peña
desprendida ya de él casi del todo,
yendo al fondo a parar de breña en breña
al menor movimiento
que con sus alas le imprimiera el viento.
Vióla un borrico, y dijo
lleno de regocijo:

«A esta, sin gran trabajo,
con una sola coz la tiro abajo.»
—Y llegóse en efecto, y derribóla;
mas él rodó también como una bola;
y ella a la postre lo aplastó debajo.

Aunque privado de vigor le crea,
nadie, si es débil, a luchar se ponga
con quien de suyo poderoso sea.

Del dramaturgo y poeta don Juan Eugenio Hartzenbusch es la poesía titulada *"El avaro y el jornalero"*:

Todo su caudal guardaba
cierto avariento cuitado
en onzas de oro, metidas
en un puchero de barro.

Por tenerlo más seguro,
fue con su puchero al campo:
al pie de un árbol cavó,
y lo enterró con recato.

Amaneció al otro día
hambriento y desesperado
un jornalero, sin pan
ni esperanza de ganarlo.

Sacudió las faltriqueras,
y hallando en una, cuartos,
sale, se compra una soga,
y en seguida, como un rayo,
se va al campo a que le quite
los pesares el esparto.

Trataba de ahorcarse, en fin,
y escogió para ello el árbol
que era del tesoro en onzas,
inmóvil depositario.

Al afianzar de una rama
bien la soga el pobre diablo,
se le hundió en el hoyo un pie
y halló el puchero enterrado.

Cogióle, besóle y fuese,
y corriendo, a corto rato,
sus preciosas amarillas
vino a visitar el amo.

La tierra encontró movida
y el hoyo desocupado;
pero de puchero y onzas
no vio ni sombra ni rastro.

Reparó en la soga entonces,
y haciendo a la punta un lazo,
se ahorcó para no vivir
sin su tesoro adorado.

Así el puchero y la soga
mal o bien se aprovecharon:
él en un hambriento, y ella
en el cuello de un avaro.

Especial mención merece la poesía titulada *"El idioma castellano"* del escritor y autor teatral Pablo Parellada Molas (Melitón González) (1855–1944). Esta larga y graciosa poesía, que el Vitoriano recitaba de memoria cuando se lo solicitaban con insistencia, decía así:

¡Señores!, un servidor,
Pedro Pérez Baticola,
cual la Academia Española,
limpia, fija y da esplendor;
pero yo lo hago mejor,
y no son ganas de hablar,
pues les voy a demostrar
que es preciso meter mano
al idioma castellano,
donde hay mucho que arreglar.

¿Me quieren decir porqué,
en tamaño y en esencia,
hay esa gran diferencia
entre un "buque" y un "buqué"?
¿Por el acento? pues yo,
por esa insignificancia,
no concibo la distancia
de "presidio" y "presidió",
ni de "tomas" a "Tomás",
ni de "topo" al que "topó",
ni de un "paleto" a un "paletó",
ni de "colas" a "colás".

Mas, dejemos el acento
que convierte como ves,
las "ingles" en un "inglés",
y vamos con otro cuento.

¿A ustedes no les asombra
que diciendo "rico" y "rica"
"majo" y "maja", "chico" y "chica"
no digamos "hombre" y "hombra"?

Y la frase tan oída
del "marido" y la "mujer"
¿porqué no tiene que ser
"el marido" y "la marida"?

Por eso no encuentro mal
si alguno me dice "cuala"
como decimos "Pascuala",
femenino de "Pascual".

El sexo, a hablar nos obliga
a cada cual como digo:
si es hombre "me voy contigo";
si es mujer, "me voy contiga".

¿Porqué llamamos "tortero"
al que elabora una torta,
y al sastre que "ternos" corta
no se le llama "ternero"?

Como tampoco imagino
ni el Diccionario me explica
porqué al que gorras fabrica
no se le llama "gorrino".

¿Porqué las "Josefas" son
por "Pepitas" conocidas,
como si fuesen salidas
de las tripas de un melón?

¿Porqué el de "Cuenca" no es "cuenco",
bodoque el que va de boda,
y al que los árboles poda
no se le llama "podenco"?

"Cometa" está mal escrito,
y por eso no me peta:
¿Hay en el cielo "cometa"
que "cometa" algún delito?

Y no habrá quién no conciba
que el llamarle "firmamento"
al cielo, es un esperpento:
¿Quién va a "firmar" allá arriba?

¿Es posible que persona
alguna acepte el criterio
de que llamen "monasterio"
donde no hay ninguna "mona"?

Si el que bebe es "bebedor",
y el sitio es el "bebedero",
hay que llamar "comedero"
a lo que hoy es "comedor";

"comedor" será quien coma
como es "bebedor" quien "bebe",
y de esa manera debe
modificarse el idioma.

¿Y vuestra vista no mira,
lo mismo que miro yo,
que quien descerraja un "tiro",
dispara, pero no "tira"?

Ese verbo y más de mil
en nuestro idioma son barro:
"tira" el que "tira" de un carro,
no el que dispara un fusil.

De "largo" sacan "largueza"
en lugar de "larguedad",
y de "corto" "cortedad",
en vez de sacar "corteza".

De igual manera me quejo
al ver que un libro es un "tomo":
será un "tomo" si lo "tomo",
y si no lo "tomo" un "dejo".

Si se le llama "mirón"
al que está mirando mucho,
cuando mucho ladre un chucho
hay que llamarle ladrón,
porque la sílaba "on"
indica aumento, y extraño
que a un ramo de gran tamaño
no se le llame "ramón";
por esa misma razón,
si los que estáis escuchando,
un "gran rato", estáis pasando,
estáis pasando un "ratón".

¿Y no es tremenda gansada
en los teatros, que sea
denominada "platea"
lo que no "platea" nada?

¿Puede darse, en general,
al pasar del masculino
a su nombre femenino
nada más irracional?

La hembra del "cazo" es "caza";
la del "velo" es una "vela";
la del "pelo" es una "pela",
y la del "plazo" una "plaza";
la del "correo", "correa";
del "mus ", "musa"; del "can", "cana";
del "mes", "mesa"; del "pan" "pana";
y del "jaleo", "jalea".

Ya basta para quedar
convencido el más profano,
que el idioma castellano
tiene mucho que arreglar;
conque basta ya de historias;
si para concluir me dais
cuatro "palmas", no temáis
que os llame "palmatorias".

Del mismo autor, Melitón González, es la graciosa poesía siguiente que define un poco la forma de proceder de los españoles:

PROYECTO ESPAÑOL

El coronel Sabirón
Pimentel de Bustamante
fue ingeniero comandante
de la plaza de Gijón;
y faltando alojamiento
proyectó el tal coronel
de nueva planta un cuartel
para todo un regimiento.

El proyecto concluido
según el reglamentario
por el conducto ordinario
a Madrid fue dirigido
a la Real aprobación;
y esperando honra y provecho
quedose tan satisfecho
el coronel Sabirón.

Ya llegado al Ministerio
el proyecto del cuartel,
lo informa otro coronel
de diferente criterio:
el coronel Palareas,
el cual es de otra opinión
distinta de Sabirón
en cuestión de chimeneas;
y tiene como verdad
que las redondas no valen,
pues las ondas de humo salen
con poca velocidad.

Y le convence a cualquiera,
científicamente, así:
"equis igual a raíz de pi
por raíz de escorzonera".
E informa que es procedente
que, de orden superior,
pase el proyecto a su autor
con la coleta siguiente:

"Sírvase Usía variar
las chimeneas de forma,
debiendo tener por norma
al volverlas a trazar:
que en las que son muy usadas,
como en cuarteles y fondas,
son muy malas las redondas
y excelentes las cuadradas
para que salga al momento,
sin dificultad, el humo.
De Real Orden se lo emplumo,
para su conocimiento".

Mas cambia la situación
y, de orden de Su Excelencia,
Palareas va a Valencia
y a Madrid va Sabirón.

Ya en Valencia, Palareas
también proyecta un cuartel
y (está claro) pone en él
cuadradas las chimeneas;

lo manda a la aprobación,
y se viene el caso a dar
que lo tiene que informar
el coronel Sabirón:
el cual, por las derivadas
y por trigonometría,
demuestra la teoría
de que, si se hacen cuadradas,
no tiene el humo buen paso
y se obstruye pronto el tubo:
porque "be elevado al cubo
es igual a ce elevado al vaso".
E informa que es procedente
que, de orden superior,
vuelva el proyecto a su autor
con la coleta siguiente:

"Sírvase variar Usía
la forma de chimeneas,
y basarse en las ideas
admitidas hoy en día:
según las cuales, las ondas
del humo son evacuadas
muy mal, cuando son cuadradas
y muy bien, cuando son redondas.
De Real Orden se lo planto
para el consiguiente efecto".

Viendo tales discusiones
entre uno y otro señor,
el capitán profesor
que explicaba Construcciones,

gramático pardo viejo
y mentor de adolescentes,
a los futuros tenientes
dio este prudente consejo:

"Al proyectar chimeneas,
primero se indagará
si en el Ministerio está
Sabirón, o Palareas;
y se pondrán dibujadas,
para que no tengan pero,
redondas, si está el primero;
si está el segundo, cuadradas.

En cuestiones de criterio
huelga toda discusión:
siempre tiene la razón
el que está en el Ministerio".

En la época franquista, cuando el Caudillo viajaba, todos los periódicos estaban obligados a publicar la misma crónica que el Ministerio de Información y Turismo se encargaba de facilitar a las redacciones. En cierta ocasión, el texto enviado desde el Ministerio informaba que:

"...al llegar el Caudillo a un pueblo, las campanas habían doblado en señal de júbilo".

El periodista del diario "Madrid" José Montero Alonso avisó de que había que rectificar el escrito ya que:

"Las campanas no doblan en señal de júbilo. Las campanas doblan a muerto".

Ante la premura de sacar la noticia con urgencia y la ausencia del censor oficial, el texto se publicó sin corregir ni una coma. Monteo Alonso se resignó, pero no sin antes escribir esta poesía a modo de desahogo:

El doblar, que es toque serio,
puede serlo de optimismo
si lo manda el Ministerio
de Información y Turismo.

EL VITORIANO Y LA COMISIÓN DE FIESTAS: La fiesta principal de Serón, dedicada a la Virgen de la Vega, se celebra desde antiguo el segundo domingo de septiembre, excepto cuando el día 8 de ese mes cae en domingo. La razón por la que los antepasados eligieron esa fecha dicen, que responde a que a esas alturas del calendario, por lo general, ya se había "acabado de eras", es decir que ya había concluido todo el duro proceso de la recolección que se iniciaba con la siega a mediados de Junio y finalizaba con el grano ya metido en los graneros.

Cierto año se presentaron las fiestas y todavía quedaba mucha faena pendiente de realizar en las eras, debido a que había venido un verano lluvioso y el agua caída había estorbado mucho el normal desarrollo de la trilla. Como era costumbre, el Ayuntamiento de turno nombró una comisión de festejos formada por siete personas entre los que figuraba el Vitoriano. El día de la víspera, le correspondió al Vitoriano pronunciar el pregón de fiestas ante todas las gentes del pueblo ilusionadas por la llegada de estos días de asueto. En la balconada corrida que había en el viejo Ayuntamiento, estaban las autoridades y los componentes de la comisión. El Vitoriano comenzó su discurso, recitándolo todo en verso. A continuación, se transcriben, más o menos, algunas de las estrofas recuperadas del recuerdo. El comienzo del pregón decía lo siguiente:

Con permiso del alcalde
y todo el Ayuntamiento
os dirijo unas palabras
diciendo lo que yo siento.

A la Virgen de la Vega
la patrona de Serón
la honramos en estos días
con toda la devoción...

Mas adelante pasaba a tranquilizar a los preocupados vecinos por la situación en las eras y les decía:

Paisanos agricultores:
divertiros, no sufráis;
también los de la Comisión
somos todos labradores...

Hacía después una presentación de las personas componentes de la comisión de festejos y la descripción de las tareas que les habían sido encomendadas a cada uno en la organización de la fiesta:

Situados a mi izquierda,
los hermanos Escalada
que son de la Comisión,
seguro que nos saldrán
con alguna petenera
o con alguna ensalada...

En cuestión de pirotecnia
y fuegos artificiales
las manos del señor Tirso
harán cosas colosales...

En alusión a la situación de las tareas pendientes en las eras y quitándole gravedad al tema, decía así:

> *No os preocupéis*
> *porque falta que ablentar,*
> *pues al terminar la Fiesta*
> *irá, el Cierzo, a comenzar...*

La explosión de risa entre los presentes fue unánime ya que, al pronunciar estos versos, dirigía la mirada con ironía a otro componente de la comisión llamado Urbano y cuyo mote o apodo era el de "el Cierzo". Para los no conocedores de las antiguas técnicas agrícolas, hay que indicar que el cierzo es un viento procedente del Norte y bastante frecuente en Serón, que suele soplar con fuerza lo cual era importante a la hora de aventar a mano, operación que servía para separar el grano de la paja.

Finalmente, en el discurso animaba a los jóvenes a que se inscribieran en las diferentes actividades lúdicas que se iban a organizar, pues de lo contrario los siete componentes de la comisión, le buscarían otro destino al presupuesto asignado. Decía así:

> *Si los chicos de Serón*
> *no se quieren apuntar,*
> *los dineros de los premios*
> *servirán para comprar*
> *moscatel dulce y galletas,*
> *que serán bien engullidos*
> *por estos siete cometas.*

ANECDOTAS DEL TIO DAMASILLO: Una historia divertida fue la que enfrento al Vitoriano con otro vecino de Serón y la original venganza llevada a cabo por el primero, haciendo uso de sus dotes poéticas y satíricas. El vecino en cuestión se llamaba Dámaso, aunque, por razón de su estatura, todo el mundo lo conocía como el tío Damasillo. También se le conocía con el apodo del tío "Guñe-guñe" en alusión a su forma gangosa de hablar, quizá por algún problema en su garganta. Los chicos, en plan de broma, a sus espaldas y a escondidas pronunciaban repetidamente lo de "guñe-guñe" y salían corriendo, por lo que este hombre al volverse no le quedaba otra alternativa que lanzar contra ellos toda clase de maldiciones e improperios.

Por su especial carácter, era un hombre de trato difícil, muy raro y se llevaba mal con mucha gente incluso con sus familiares más allegados como era el caso del marido de su propia hija. Este último tenía el oficio de cartero y se dedicaba también a arreglar bicicletas. Poseía el tío Damasillo un terreno al pie del Cerillo de la Cruz donde había una charca para la recogida de agua de lluvia, de la que todavía quedan algunos vestigios. En las inmediaciones de la charca, cultivaba algunas hortalizas y había algunos árboles que regaba con el agua almacenada. También tenía allí, algunas gallinas en un pequeño cercado elemental donde había construido un modesto gallinero con acostaderos.

Cierto día estaba el Vitoriano descargando leña desde su carreta en una de las callejas del castillo y se encontraba presente el tío Damasillo. En un momento determinado, el Vitoriano en plan de broma cogió un pequeño palo de encina y le dijo:

¡Tío Dámaso!: ¿A que no sabe usted para lo que sirve esta clase de madera?

Éste puso cara de ignorancia y no contestó, por lo que el Vitoriano enseguida le argumentó que:

"Para hacer badajos de cencerros".

A pesar de que esta afirmación era cierta, el tío Damasillo interpretó que se estaba burlando de él, e inmediatamente comenzó a insultarle y a dedicarle toda clase de improperios delante de todos los presentes. Ante esa situación el Vitoriano aguantó callado el chaparrón, pero fraguó su venganza por una doble vía.

PERSECUCIÓN POR LAS ERAS DEL ALTO: La primera acción vengativa consistió en lo siguiente: Cierto día, el Vitoriano se encontró con el tío Damasillo en las eras del alto y echó a correr tras él dándole gritos y diciéndole a voces que lo iba a matar por lo que le había dicho el día de la calleja. Por su edad más joven y, por tanto, con mucha mayor agilidad física, enseguida el Vitoriano podía haberle dado alcance, pero dejaba intencionadamente que escapara para alargar más el tiempo de persecución y por tanto de tortura; todo ello continuando con las voces y echándole amenazas utilizando frases ingeniosas acompañadas por más de alguna altisonante blasfemia. Al final le dejó escapar hasta el cercado de las gallinas del Cerrillo, sin más consecuencias que la de haberle metido el miedo en el cuerpo y haber divertido a las personas que presenciaron la escena.

La persecución por la zona de las eras del alto, de la que se ha hablado anteriormente, fue recogida también en verso. Aunque de forma inconexa e incompleta, recojo alguna de las estrofas que alcanza mi memoria, y que decían así:

> *En las eras del castillo*
> *estando apaleando guijas*
> *el Teodoro "el Palomillo"*
> *junto con el tió Pablillo*
> *presenciaron el chascarrillo.*
> *También, una moza de Velilla*
> *con falda de tubo negra*
> *y una rebeca amarilla...*

POESÍAS DEDICADAS AL TIO DAMASILLO: La segunda acción vengativa llevada a cabo por Vitoriano contra el tió Damasillo fue de índole literaria. El Vitoriano redactó una poesía que tituló *"El granjero de Serón"* o *"El granjero y su rival"*, con sátiras burlonas hacia su persona, alusiones a sus humildes propiedades del Cerrillo y otras particularidades de su entorno. Este poema fue recitado en diversas ocasiones y llegó a ser conocido por todo el pueblo y parte de la comarca para mayor escarnio de su protagonista. Se desconoce si estas poesías permanecen escritas en alguna parte. Para que quede constancia de ellas, se transcriben, a continuación, más o menos, algunos versos que recuerda vagamente el autor de este libro al escudriñar los rincones de su memoria, por haberlos oído recitar en aquellos años de adolescencia.

En relación con la situación geográfica del gallinero del Cerrillo, al que llamaba irónicamente la "Granja", y haciendo sátira de su modesto "negocio" y volumen de actividad, decía:

> *Por donde pasan los cables*
> *que dan la luz a Maján,*
> *coches que vienen y van*
> *a visitar al granjero*
> *y a traer ruedas y frenos*
> *para su yerno el cartero.*

Téngase presente que en aquella época era muy raro ver la presencia de coches siendo muy contados los que pasaban al día, y menos por la carretera de Velilla.

LA MÁQUINA DE AVENTAR: Tenía el tio Damasillo una máquina de aventar muy vieja a la que el Vitoriano dedicó la siguiente estrofa haciendo también sátira mordaz de sus ojos legañosos:

> *La máquina de aventar*
> *la inventaron los romanos*
> *la tiene un cartaginés*
> *tierno de ojos y de manos.*

EL "CHALET" DEL CERRILLO: Referente al modesto gallinero construido para refugio y acostadero de las gallinas decía poéticamente lo siguiente:

> *En medio del acotado*
> *ha construido un "chalé"*
> *para las mozas y viudas*
> *que se traspillan por él.*

EL COMEDERO DE LOS BUITRES: En la ladera trasera del Cerrillo de la Cruz se echaban las caballerías que se morían en las casas de la parte alta del pueblo, para servir de alimento a las aves carroñeras. Las mulas que morían en las casas de la parte baja del pueblo se solían arrastrar hasta el barranco de San Roque. Era habitual entre los chicos de la escuela acercarse a estos lugares con sigilo, permaneciendo escondidos entre las peñas y en silencio, para ver de cerca, cómo estas gigantescas aves se comían a las caballerías muertas. Por la proximidad de la "granja" a la trasera del Cerrillo, el Vitoriano redactó las siguientes estrofas:

> *En Mérida hay un matadero*
> *de España, el mejor que existe*
> *pero tiene otro el Granjero*
> *donde comen todos los buitres...*

Con relación con los buitres y su alimentación el escritor Paulino García de Andrés natural del pueblo soriano de Tarancueña cuenta la siguiente anécdota en su libro *"Historias de los abuelos II"*:

> *Estamos viendo con frecuencia a los abantos o buitres caer sobre presas muertas, que suelen ser corzos, jabalíes u ovejas. En otros tiempos, antes de la segunda mitad del siglo XX, solían ser ganado mular, vacuno o alguna oveja, aunque éstas cuando las notaban enfermas, los pastores las mataban y se las comían y no pasaba nada.*

Nos cuenta David que para que los abantos caigan sobre el ganado mular o vacuno muerto, tiene que estar dicho ganado tumbado con la parte derecha hacia arriba. Si están yacentes con la parte izquierda hacia arriba, los buitres no caerán a comerse el ganado muerto.

Una vez se la murió a Alejandro Rupérez, el Rubio, una mula y la llevaron a Valcentenillo, frente al Canalón, un paraje justo a la derecha del camino al empezar las huertas. Estuvo un día entero y los abantos ni aparecieron. Entonces le dijo el Rubio a su hijo Ángel:

—Ve y dale la vuelta a la mula, que si no, no vienen los abantos.

Lo hizo y siguieron sin caer. Los que si se dieron un buen festín fueron los gusanos, que en pocos días hicieron desaparecer la mula.

—¿Pero, qué has hecho? —Dijo el Rubio a su hijo—.

—Te dije que le dieras la vuelta, no que la giraras.

EL VINO DE FUENTELMONGE: Continuando con el anecdotario del tió Damasillo, recuerdo al lector que en otro capítulo dedicado a las uvas y al vino del Tomo I de esta serie de libros, se menciona que era costumbre en Serón bajar a comprar vino a los pueblos situados aguas abajo del río Nágima ya que su calidad era bastante mejor que el que se producía en el pueblo con uvas de la cosecha local. Quizá en esto tenga que ver el clima, la altitud o la naturaleza del terreno, pero el hecho es que se bajaba principalmente a Torlengua por razones de proximidad. Si se quería todavía mejor calidad el destino era Pozuel, ya en tierras aragonesas. Se organizaban verdaderas caravanas de mulas con serones cargados de garrafones para traer el preciado licor.

En la época en la que se enmarca la anécdota que se va a relatar, el agua que pasa por el lavadero de Serón continuaba su curso a cielo abierto, desde el puente de acceso a la Calleja de la Fuente, hasta la entrada de la balsa de la fábrica de harinas, que ocupaba el espacio de los actuales silos metálicos. En este trayecto había unas losas de granito donde se colocaban también las mujeres a lavar la ropa cuando el lavadero cubierto estaba completo de lavanderas.

Entre la carretera y el curso de agua no había separación ni barandilla alguna sino un simple escalón. En cierta ocasión viniendo el tío Damasillo en el coche de línea que enlazaba diferentes pueblos, al descender del mismo, por distracción o mareo motivado por la ingestión del vino, cayó al agua provocando la risa malévola de todos los que estaban presentes en la fragua que era un punto de tertulia y reunión, sobre todo a la hora de llegada de los viajeros. El Vitoriano puso la escena en verso de la siguiente manera:

> *A Fuentelmonge bajó*
> *a por licor el Granjero*
> *y se dio el "baño maría"*
> *debajo del lavadero...*

TESTAMENTO: Dadas las malas relaciones del tío Damasillo con su yerno e hija los versos satíricos y mordaces del Vitoriano alcanzaron a vaticinar y hacer conjeturas acerca de lo que podría ocurrir incluso, después de su muerte:

> *Al final del funeral*
> *se leerá el testamento*
> *y se sabrá si sus bienes*
> *los deja para su hija*
> *o los dona a algún convento...*

Visto desde la distancia temporal, quizá el Vitoriano, como se dice ahora, se pasó un poco en su ensañamiento literario hacia el tío Damaso. El autor quisiera que, al revivir por el ejercicio de esta lectura, las situaciones comentadas, se destacara su habilidad del Vitoriano en la confección de los versos y se le disculpara por lo que pudo suponer de excesivamente ofensivo para su inocente víctima.

EL VITORIANO EMIGRANTE A ALEMANIA: Al igual que otros nagimenses de la época, el Vitoriano marchó del pueblo hacia Zaragoza en busca de una nueva forma de vida, huyendo de la agricultura tan sacrificada en aquella época porque todavía no había llegado la mecanización. En la capital maña se dedicó, con otro socio al transporte con una camioneta, pero le fue mal el negocio. De la misma forma que tantos españoles de la época, emigró a Alemania en busca de trabajó que lo halló en la industria metalúrgica, en la ciudad de Mannhein, situada entre Frankfurt y Karlsruhe. A base de economía y sacrificios personales consiguió hacerse con unos ahorros que decidió invertirlos en España pensando en su regreso. Sin embargo, la suerte le fue adversa al realizar las inversiones en la sociedad Sofico que resultó fraudulenta. A continuación, se describe el conocido como caso Sofico:

Anagrama de SOFICO. (El caballito de mar)

Publicidad engañosa de SOFICO en un periódico.

EL CASO SOFICO: Este fue uno de los mayores escándalos financieros ocurridos durante la Dictadura que afectó negativamente a personas de Serón, y a trabajadores emigrantes en el extranjero, entre ellos el Vitoriano, que vieron volatilizarse parte de sus ahorros.

El Grupo Sofico era un entramado de sociedades mercantiles, la primera de las cuales se constituyó en el año 1962. Su objeto social era construir, vender y arrendar apartamentos en la Costa del Sol, aprovechando el boom turístico hacia aquellas zonas y la necesidad de construcción de pisos y apartamentos para alojamiento de los viajeros.

Con el fin de dar al Grupo Sofico una imagen de seriedad y solvencia, el fundador de la empresa nombró un consejo de administración formado por personalidades de alto relieve político y social del régimen franquista. El presidente de honor era un almirante, hermano de un ministro y procurador en cortes, y los consejeros eran: magistrados, militares de muy alta graduación, intendentes de Hacienda y algún alto mando de la Guardia Civil.

Al principio, la venta de los apartamentos se realizaba después de que estuvieran construidos totalmente, pero posteriormente la venta se hacía sobre plano y se iban cobrando cantidades a cuenta, con lo que el propio propietario financiaba la construcción.

Movidos por una ambición desmedida, los directivos de Sofico comenzaron a suscribir contratos de compraventa sobre supuestos apartamentos terminados o en construcción, cuando la verdad era que en muchas ocasiones no habían comenzado las obras o no se habían adquirido ni los solares, por lo que, en la mayoría de los casos, los apartamentos resultaron ser ficticios.

Como la ambición de estos estafadores no tenía límites, en el año 1969 constituyeron la sociedad "Sofico Renta" dedicada a captar capital de pequeños ahorradores, en principio, para seguir construyendo. A estos pequeños inversores se les remuneraba con un interés del 12% anual. Atraían clientes a través de lujosas oficinas abiertas en los sitios de más alto standing de las ciudades, unido a agresivas campañas publicitarias.

Por aquel entonces Sofico constituyó en Alemania la sociedad *"Sofico Deutschland"* y abrió lujosas oficinas en las ciudades más importantes del país con mayor concentración de emigrantes españoles. Su único objetivo era chupar los ahorros de aquellos humildes y confiados trabajadores.

Con todo este montaje, llegaron a conseguir más de tres mil millones de pesetas. Al no poder cubrir la rentabilidad prometida del 12% con la operativa normal de la sociedad, los pagos de intereses a los inversores antiguos se fueron cubriendo con la entrada de capital procedente de nuevos clientes. De esta manera, se fraguó lo conocido técnicamente como una *"estafa piramidal"*.

Llegó un momento en que la situación se hizo insostenible siendo imposible pagar los intereses ofrecidos y recuperar la inversión realizada. "Sofico Renta" presentó suspensión de pagos en el juzgado el 30 de noviembre de 1973 y los inversores vieron volar sus ahorros. Al final la Justicia solo imputó a dos personas como responsables del desaguisado que ni siquiera pasaron por la cárcel y fueron declarados insolventes por lo que pagaron sólo una indemnización parcial ridícula comparada con el altísimo valor del fraude realizado y el elevado número de damnificados. Inexplicablemente, los altos cargos que formaban el consejo de administración del tinglado se fueron "de rositas" libres de toda culpa. Cuando se dio por finiquitado judicialmente el escándalo Sofico, quedó pendiente una deuda de ocho mil doscientos millones de pesetas de la época y miles de personas engañadas y estafadas.

Nuestro paisano el Vitoriano cayó en las redes de esta sociedad y peleó defendiendo su causa, acudiendo a las más altas estancias nacionales para solicitar apoyos y ayuda jurídica. Escribió cartas a los responsables de los partidos políticos y hasta se dirigió a la Casa Real. Las únicas contestaciones recibidas argumentaban que ya el asunto estaba en sede judicial y que había que esperar la sentencia.

RELATO POÉTICO ENVIADO POR EL VITORIANO AL AYUNTAMIENTO DE SERÓN: Transcurría el año 1982 cuando nuestro paisano Victoriano redactó en Alemania algunos cuartetos alusivos a la estafa de la que había sido víctima y de otras que se habían producido por aquellas fechas, en el ámbito local español y exterior. También hacía mención a temas políticos nacionales e internacionales y a aspectos relativos a la influencia de la iglesia en las costumbres. La poesía completa estaba fechada el 24 de noviembre de 1982 y firmada por él mismo como: *"Autor y responsable"*.

El texto poético comienza con la breve reseña biográfica siguiente:

Nací en la estepa de Soria
en un fértil valle, en Serón
de joven murió mi madre de embolia,
allí se acabó la ilusión.

En tiempos fui labrador
mas después un emigrante
hoy poeta historiador
de política farsante.

En el mes de octubre de 1982, se celebraron elecciones generales en España. Estos comicios tuvieron un carácter histórico, ya que el Partido Socialista Obrero Español de Felipe González consiguió una amplísima mayoría absoluta. Fue la primera ocasión desde la época de la Segunda República en que el PSOE ganaba unas elecciones generales y suponía la primera vez que el PSOE lograba una mayoría absoluta a nivel nacional. El amigo Vitoriano recogía poéticamente este hecho político:

Como emigrante que soy
condenado a no votar
en este día de hoy
les quiero felicitar.

Triunfaron los socialistas
por voluntad popular
eran cosas ya muy vistas
que tenían que pasar.

Embrollos y corrupción
de una larga dictadura
fue la causa de esta unión
de un pueblo que ya carbura.

No admitimos socialismos
con chantajes traicioneros
ni que dominen los mismos
con poderes extranjeros.

Significa lealtad
la palabra socialistas
y debe haber fraternidad
con los bloques comunistas.

Con relación a la necesidad de modernización de la agricultura en vez de la carrera armamentística escribía lo siguiente:

Dejémonos de armamentos
como pueblo de cultura
e invertir en instrumentos
de moderna agricultura.

En el estéril desierto
de las extensas Castillas
si todo parece allí muerto
con sus esclavas familias.

Y en nuestras quince regiones
con focos de emigración
nos sobran muchos cañones
y nos falta protección.

Nuestras montañas peladas
junto a los valles sedientos
no rinden para paradas
ni exhibición de armamentos.

Quienes producen el vino
la carne y los alimentos
no les importa un comino
que invadan sus campos yertos.

Mal comidos y bebidos
y vestir como harapientos
y jamás han conseguido
medallas de sufrimientos.

Nuestras fuerzas militares
con valor y con destreza
nos vendieron los tres mares
con el burka a la cabeza.

Que orgullosos con fantones
consumiendo gasolina
pues con tanques y cañones
bien completa está la ruina.

Y a pagarlos con tomates
pimientos y berenjenas
siempre que no haya combates
en zonas Perpiñaneras.

Que democracia europea
con una NATO de trucos
que ayudan en su tarea
la dictadura a los turcos.

Los ascensos militares
por conducta y corrección
pues hay que cambiar los pilares
que aguantan la corrupción.

A los patriotas golpistas
tratarlos con corrección
sin leyes antiterroristas
que aplica el señor Rosón.

Los militares honrados
me darán toda razón
pues muchos condecorados
ya lo saben porque son.

La pensión a los sesenta
y después reclutamiento
y así acabaría la guerra
con hombres de peso y talento.

Las guerras traen miserias
e invalidez permanente
viudas y madres muy serias
y división en la gente.

Mas gastos insoportables
que acarrea a la nación
abarrotando hospitales
con gritos de desesperación.

En los siguientes versos da consejos acerca del fomento de la agricultura y los posibles enemigos al desarrollo:

Con cooperativas del campo
podrá el agricultor resurgir
mas si se infiltran truhanes de Franco
pronto podrá sucumbir.

Con pantanos y canales
aun podemos progresar
mas con bombas y arsenales
negocios de los Reagan.

Sobre el comercio exterior
donde se encuentren ventajas
donde vendamos mejor
y nos concedan rebajas.

Occidente está a la caza
con el cebo de sus planes
pues si metemos la baza
nos zarpan los gavilanes.

Nos halagan con defensa
de una Europa con unión
pero es pa_guardar la despensa
a los que les sobra el jamón.

En estos tiempos modernos
a que estamos sometidos
nos tiene aún los gobiernos
como tontos cohibidos.

Respecto a la necesidad de fomentar la educación, el Vitoriano escribía:

> *Las escuelas nacionales*
> *que enseñen bien la cultura*
> *pa que no entren ya animales*
> *a ocupar magistratura.*

> *Mas servicios comunales*
> *de jardines y recreos*
> *bibliotecas nacionales*
> *y de higiénicos aseos.*

En otros versos se metía con la institución de la iglesia, defendía la libertad religiosa y manifestaba opiniones sobre temas que eran tabúes en la época como eran el divorcio y el aborto:

> *Promesas y bendiciones*
> *nos envió el Vaticano*
> *mas no esperéis soluciones*
> *de cuervos que buscan grano.*

> *España país retrasado*
> *por su cultura mental*
> *es debido al resultado*
> *de una doctrina fatal.*

> *Los anillos pastorales*
> *besarán sus mayorías*
> *devotos de catedrales*
> *y de santas cofradías.*

Con nombres de cardenales
muchas calles y avenidas
pues también los generales
tienen sus buenas partidas.

A los obreros pegigueros
heredáis de Satanás
los privo Dios de estos fueros
y de no chistar jamás.

A los que no tienen mujer
o familias declaradas
también se quieren meter
con las parejas casadas.

Yo creo que el matrimonio
sepa más que suficiente
si le interesa el divorcio
sin intromisión de la gente.

Con los abortos lo mismo
si los quieren practicar
pues han de ser ellos mismos
quien los tienen que criar.

El casamiento civil
si a ambas partes interesa
igualmente, que al morir
si se prescinde de Iglesia.

Pues la Iglesia, por favor
que la cotice el cliente
y así se verá el fervor
que deposita la gente.

Muchos problemas urgentes
debe el Estado afrontar
escuelas, canales y fuentes
son mucho antes que rezar.

Desfiles y procesiones
nuestro orgullo nacional
les siguen las corrupciones
que las van a adelantar.

No faltaban alusiones a temas de política internacional:

Pobres ritos religiosos
despidieron a Bresniev
en sistemas poderosos
no existe esa sencillez.

Negocios de los Reaganes
y de miles de usureros
para defender sus planes
y aplastar a los obreros.

También algunos franquistas
se sienten occidentales
pa_proteger los turistas
en costas particulares.

En España hay democracia
y en Rusia está la opresión
mas nosotros tenemos la desgracia
de que todo es manipulación.

El clero en Polonia defiende
la libertad sindical
y yo como nadie me atiende
al Kremlin a reclamar.

Hace falta protección
para los robos y atracos
contra Rusia y su telón
y los huelguistas polacos.

Baidenhoz es una banda
de peligro occidental
porque dicen que si anda
controlando el capital.

Y en todas partes están
fotografiados sus reos
y escritos en alemán
hasta en los mismos tebeos.

A Yugoslavia ensalzaron
nuestros hidalgos franquistas
porque nunca entrelazaron
con los pactos comunistas.

El mundo partido está
en dos bloques diferentes
en el uno hay libertad
pa_los grandes delincuentes.

El otro ya es de tiranos
de gentes semisalvajes
porque no hay nada en las manos
de los grandes personajes.

Gobiernos e instituciones
que les asienta muy mal
que no hagamos por cojones
lo que manda el capital.

En la primavera del año 1981 ocurrió en España una intoxicación masiva conocida como enfermedad de la colza o síndrome del aceite tóxico. El envenenamiento afectó a más de veinte mil personas y causó a muerte de cerca de cuatrocientas. La causa de este envenenamiento fue el consumo de aceite de colza adulterado. Los estafadores habían importado aceite de colza destinado al uso industrial y, por tanto, no apto para el consumo humano. Para distinguir este hecho estaba coloreado con anilinas, sin embargo, posteriormente a la compra e importación lo decoloraron fraudulentamente y lo hicieron pasar como aceite de oliva en venta ambulante y mercadillos de toda España. El paisano Vitoriano recogía este caso en la siguiente estrofa:

Hacen falta tribunales
que vengan de inmigración
pa la "colza" y otros males
que aún están sin solución.

Por aquella época proliferaron en España una serie de sociedades que acabaron por estafar a pequeños ahorradores que confiaron sus dineros a estos desaprensivos. A la ya mencionada Sofico hay que añadir otras promotoras inmobiliarias implicadas en fraudes a las que menciona nuestro paisano tales como:

-PROMOCISA: Se refiere de la inmobiliaria causante de una macro-estafa que afectó a más de 3.000 familias que compraron sus viviendas en Móstoles, Villalba y Torrejón de Ardoz. Con objeto de atraer capital, crearon unas "cuentas especiales para depósitos" en la que los compradores de pisos, todavía no construidos, efectuaban desembolsos económicos (letras) en concepto de entrada, adelantando entre uno y tres millones de pesetas, de las de entonces. En el contrato se decía que las cantidades estaban garantizadas y en caso de resolución se les devolvería el dinero más el seis por ciento de interés anual. Los depósitos de estas cuentas estaban destinados a la construcción de los pisos, pero la promotora los dedicó a otros cometidos especulativos tales como la compra de nuevos terrenos, llegando al punto de no poder hacer frente a la construcción comprometida. Al ver que pasaba el tiempo y la inmobiliaria no construía las viviendas, los compradores dejaron de pagar las letras y exigieron la devolución del dinero. Promocisa se declaró en quiebra dejando tras de sí un reguero de afectados.

-FIDECAYA: Se trataba de una entidad de ahorro particular que tuvo que ser intervenida en 1981 por supuestas estafas financiero - inmobiliarias. Poseía 340 oficinas, 30 inmobiliarias, 10 financieras filiales, 570 empleados y 5.400 delegados a comisión. Se vieron afectados 250.000 pequeños depositantes y unos 11 millones de euros depositados, de los que el gobierno se hizo cargo solamente de una cuarta parte.

Las poesías dedicadas a estos estafadores fueron las siguientes:

La estafa y la corrupción
acotado de unos pocos
que por llenar su ventrón
a muchos volvieron locos.

Y esos pocos de aguajiras
dieron prensa y radio en libertad
pero continúan las mentiras
y se oculta la verdad.

Pues los Santos, Promocisas
Soficos y Fidecayas
ni con rosarios ni misas
ni han sido ni serán pagadas.

Estos versos van escritos
sin la menor falsedad
me robaron los cabritos
y les digo la verdad.
Debemos de ser celosos
sin temor de la amenaza
de aquellos no escrupulosos
que quieren llenar la panza.

Hacía también referencia a dos temas de dimensión internacional que adquirieron gran notoriedad:

-Uno de estos casos fue el del Banco Ambrosiano cuyo accionista principal era el Banco Vaticano. Este banco se derrumbó estrepitosamente en 1982 tras haber creado un holding de compañías fantasma por diferentes países, dedicadas a negocios poco claros o ilícitos y al movimiento de dinero desde Italia al margen del control oficial del Banco Central italiano. También se descubrió su conexión con la mafia siciliana y, de hecho, algunos de sus directivos tuvieron un final trágico. Durante julio de 1982, los fondos a los intereses del banco en el extranjero fueron cortados, conduciendo a su derrumbe. Tratándose de un compromiso de carácter moral, el Vaticano se vio obligado a asumir el pago de cientos de millones de dólares a los acreedores del Banco Ambrosiano.

-Otro escándalo importante fue el conocido como caso Matesa (Maquinaria Textil del Norte S.A.). Se trataba de una sociedad fabricante de un telar sin lanzadera que vendían a algunos países y cobraban, por ello, los créditos a la exportación que concedía el Banco de Crédito Industrial. El fraude estalló en 1969 y consistía en que hacían figurar más cantidades de las realmente vendidas, ya que se enviaban sin comprador en destino, a fin de cobrar los créditos a la exportación. Para ello manipulaban documentos y realizaban salidas ilegales de capitales. El caso se descubrió por el ministro argentino de Industria quien denunció que habían enviado a Argentina 1.500 telares cuando sólo se habían comprado 120. La deuda con el Banco público ascendía a 10.000 millones de pesetas y, a consecuencia de este escándalo, todos los créditos a la industria quedaron congelados y el banco cerró.

> *La defensa de Ambrosianos*
> *de Lacis y de Matesa*
> *a esa mafia de cristianos*
> *con que Dios les recompensa.*
>
> *En cambio, la aristocracia*
> *como roba sin piedad*
> *nos la ensalzan por la gracia*
> *de Dios y Su Majestad.*

Finalmente, otros temas relacionados con la política nacional, la justicia social y las relaciones laborales fueron tratadas poéticamente por nuestro paisano el Vitoriano:

Son miles los detenidos
por las fuerzas de Rosón
con sus jueces instruidos
pa_cambiarlos de prisión.

Unos salarios más justos
sin niños privilegiados
no conservar aún los bustos
de arcaicos antepasados.

Limpias calles de harapientos
o gentes de mal estar
son los mayores tormentos
que acosan a una ciudad.

Controlar bien los tributos
o gastos estatuarios
sin que jefazos astutos
multipliquen sus salarios.

Pues en el Santo Occidente
a que estamos consagrados
brotan siempre de una fuente
los mismos privilegiados.

Un complot occidental
exento y no de fortuna
tiene su sede central
en nuestro mar como cuna.

Pues la Justicia y la unión
son las fuerzas protectoras
las que vencen con tesón
y se aplaude a todas horas.

Protestan los avispados
del comunismo legal
porque a sus cotos privados
les sacan más ganancial.

Muchas huelgas, no es rentable
estrangulan la nación
y es una cosa palpable
que es la ruina la inflación.

Pues concesiones, ninguna
a empresas e instituciones
que paguen por su fortuna
las justas contribuciones.

Se cerró la emigración
y un recorte de divisa
va a dejar a la nación
en pelota y sin comida.

Pero no tengamos pena
ni sufrir por la nación
porque el agua se la llena
con muros de contención.

Ni quito ni doy razón
ni existen en mí adversarios
no se crean que el patrón
sin sudar da los salarios.

No hay que ser un animal
pa_comprender la cuestión
con un buen Sistema Social
resurgirá la nación.

La Patria, Pan y Justicia
era el lema del franquismo
rebosado de inmundicia
y de poco realismo.

Si administra con justicia
un gobierno es respetado
pero si anda con malicia
jamás será bien mirado.

Los que cobran del estado
unos sueldos fabulosos
lo tienen por su acotado
robando hasta a los leprosos.

Finalizo mis relatos
ya os pido perdón
exijo que a mis contratos
se de pronto solución.

24-11-82

Autor y responsable: *Victoriano Ortega*

En el país germánico, siendo todavía bastante joven, acabaron los días de este nagimense tan querido por sus paisanos. Sus cenizas fueron repatriadas por su familia y retornaron a Serón donde reposan en el cementerio del pueblo que le vio nacer y al que tanto quiso en vida.

ÍNDICE DEL CONTENIDO DE LOS TOMOS ANTERIORES

José Antonio Alonso Hernández

SERÓN DE NÁGIMA
MEMORIAS DE UN PUEBLO SORIANO

Tomo I

CONTENIDO

- Prólogo.
- Evolución de la agricultura en Serón de Nágima.
- La despoblación en Serón y su comarca.
- La propiedad de la tierra en Serón hasta el siglo XIX.
- Las desamortizaciones de Mendizábal y Madoz en Serón de Nágima.
- Parajes.
- Fuentes de Serón.
- La remolacha.
- El espliego.
- La fruta.
- Las uvas y el vino.

José Antonio Alonso Hernández

SERÓN DE NÁGIMA

MEMORIAS DE UN PUEBLO SORIANO

Tomo II

Prólogo de Abel Hernández

Liber Factory

CONTENIDO

José Antonio Alonso Hernández

SERÓN
DE NÁGIMA
MEMORIAS DE UN PUEBLO SORIANO
Tomo III

Prólogo de Adolfo Burriel Borque

Liber Factory

CONTENIDO

Contenido

- Prólogo.
- Las escuelas y los maestros.
- Los métodos pedagógicos de antaño.
- Los juegos infantiles.
- La Plaza Mayor.
- Las calles de Serón.
- La Orquesta Nagimense.
- Las tertulias.

José Antonio Alonso Hernández

SERÓN DE NÁGIMA
MEMORIAS DE UN PUEBLO SORIANO

Tomo V

Prólogo de Gonzalo Santonja

Contenido

- Prólogo.
- Los pobres.
- Los gitanos.
- Los húngaros.
- La caza.
- Las alimañas.
- Las zorras.
- ANEXO:
    - *Alumnas de la escuela. Año 1955 aprox.*
    - *Alumnos de la escuela mixta. Año 1975 aprox.*

José Antonio Alonso Hernández

SERÓN DE NÁGIMA

MEMORIAS DE UN PUEBLO SORIANO

Tomo VI

Prólogo de Juan Vicente Martínez Alonso

Contenido

José Antonio Alonso Hernández

SERÓN
DE NÁGIMA
MEMORIAS DE UN PUEBLO SORIANO

Tomo VII

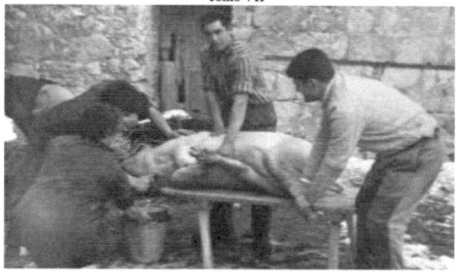

Prólogo de Javier Narbaiza

CONTENIDO

- Prólogo.
- La matanza.
- Locales de ocio en Serón antes de la Guerra Civil.
- Locales de ocio en Serón después de la Guerra Civil.
- Las estafas.
- Las aves.
- Los juegos de cartas.

José Antonio Alonso Hernández

SERÓN DE NÁGIMA

MEMORIAS DE UN PUEBLO SORIANO

Tomo VIII

Prólogo de Paulino García de Andrés

CONTENIDO

José Antonio Alonso Hernández

SERÓN
DE NÁGIMA
MEMORIAS DE UN PUEBLO SORIANO
Tomo IX

Liber Factory

CONTENIDO

- El Santo Cristo del Amparo.
- El Día de la Cruz.
- La bendición de los campos.
- Los quintos.
- El ilustre nagimense Dionisio Martínez Sanz.
- La procesión del Santo Entierro.
- Ritos y costumbres de Semana Santa, hoy desaparecidos.

José Antonio Alonso Hernández

SERÓN
DE NÁGIMA
MEMORIAS DE UN PUEBLO SORIANO
Tomo X

Liber Factory

CONTENIDO

- Ocupaciones y oficios.
- Oficios desaparecidos.
- Oficios en Serón a través de los programas de fiestas.
- Programa de fiestas del año 1953.
- Programa de fiestas del año 1966.
- Programa de fiestas del año 1984.
- Programa de fiestas del año 1988.
- Los apodos.

José Antonio Alonso Hernández

SERÓN
DE NÁGIMA
MEMORIAS DE UN PUEBLO SORIANO
Tomo XI

CONTENIDO

José Antonio Alonso Hernández

SERÓN DE NÁGIMA

MEMORIAS DE UN PUEBLO SORIANO

Tomo XII

CONTENIDO

- El analfabetismo.

- Las cencerradas.

- Apellidos en Serón a principios del siglo XX.

- Palabras, frases, dichos y muletillas del lenguaje popular nagimense.

- El riego de las Vicarías. Historia de un proyecto fallido.

- Relojes de sol en la iglesia de Serón.

- Índice del contenido de los tomos anteriores.